THÈSES

PRÉSENTÉES

A LA FACULTÉ DES SCIENCES DE PARIS

POUR OBTENIR

LE GRADE DE DOCTEUR ÈS SCIENCES NATURELLES

PAR

Léon C. COSMOVICI

(Roumain)

LICENCIÉ ÈS SCIENCES NATURELLES

———

1re **THÈSE**. — ÉTUDE DES ORGANES SEGMENTAIRES ET DES GLANDES
GÉNITALES DES ANNÉLIDES POLYCHÈTES.

2e **THÈSE**. — PROPOSITIONS DONNÉES PAR LA FACULTÉ.

———

Soutenues le   mars devant la Commission d'examen

———

MM. HÉBERT, *Président.*
DE LACAZE-DUTHIERS. } *Examinateurs.*
DUCHARTRE.

PARIS

TYPOGRAPHIE A. HENNUYER

7, RUE D'ARCET

———

1880

SÉRIE A
N° 38

D'ORDRE
435

THÈSES

PRÉSENTÉES

A LA FACULTÉ DES SCIENCES DE PARIS

POUR OBTENIR

LE GRADE DE DOCTEUR ÈS SCIENCES NATURELLES

PAR

Léon C. COSMOVICI

(Roumain)

LICENCIÉ ÈS SCIENCES NATURELLES

1re THÈSE. — ÉTUDE DES ORGANES SEGMENTAIRES ET DES GLANDES GÉNITALES DES ANNÉLIDES POLYCHÈTES.

2e THÈSE. — PROPOSITIONS DONNÉES PAR LA FACULTÉ.

Soutenues le   mars devant la Commission d'examen

MM. HÉBERT, *Président.*
DE LACAZE-DUTHIERS, }
DUCHARTRE,   } *Examinateurs.*

PARIS
TYPOGRAPHIE A. HENNUYER
7, RUE D'ARCET

1880

ACADÉMIE DE PARIS

FACULTÉ DES SCIENCES DE PARIS

MM.

DOYEN.........	MILNE-EDWARDS, prof.	Zoologie, Anatomie, Physiologie comparée.
PROFESSEURS HONORAIRES..	PASTEUR. DUMAS.	
PROFESSEURS.	CHASLES................	Géométrie supérieure.
	P. DESAINS	Physique.
	LIOUVILLE..............	Mécanique rationnelle.
	PUISEUX................	Astronomie.
	HÉBERT.................	Géologie.
	DUCHARTRE	Botaniqne.
	JAMIN..................	Physique.
	SERRET.................	Calcul différentiel et intégral.
	H. Ste-CLAIRE-DEVILLE.	Chimie.
	DE LACAZE-DUTHIERS.	Zoologie, Anatomie, Physiologie comparée.
	BERT	Physiologie.
	HERMITE...............	Algèbre supérieure.
	BRIOT	Calcul des probabilités, Physique mathématique.
	BOUQUET	Mécanique physique et expérimentale.
	TROOST	Chimie.
	WURTZ.................	Chimie organique.
	FRIEDEL	Minéralogie.
	O. BONNET.............	Astronomie.
AGRÉGÉS......	BERTRAND............. J. VIEILLE.............	Sciences mathématiques.
	PELIGOT	Sciences physiques.
SECRÉTAIRE...	PHILIPPON.	

A mon cher Maître

HENRI DE LACAZE-DUTHIERS

MEMBRE DE L'INSTITUT
PROFESSEUR DE ZOOLOGIE ET D'ANATOMIE COMPARÉE
A LA FACULTÉ DES SCIENCES DE PARIS

Son élève dévoué.

A LA MÉMOIRE DE MES PARENTS

ÉTUDES

DES GLANDES GÉNITALES

ET

DES ORGANES SEGMENTAIRES

DES ANNÉLIDES POLYCHÈTES

PAR LÉON-C. COSMOVICI (ROUMAIN)

Licencié ès sciences naturelles de la Faculté des sciences de Paris.

HISTORIQUE.

En lisant les nombreux ouvrages qui traitent des Annélides proprement dits, on est véritablement embarrassé encore aujourd'hui sur ce qu'on doit entendre par *organe segmentaire*. La même confusion règne en ce qui touche la nature et la disposition des glandes génitales.

J'ai étudié scrupuleusement les travaux faits sur ces parties de l'organisme des Annélides ; voici le résultat des opinions les plus importantes.

Avant 1840, les naturalistes ont très peu contribué à la connaissance des glandes génitales. Pourtant, pendant la période de 1807 à 1840, un grand nombre d'hommes illustres se sont occupés de l'organisation de ces vers, et les différents journaux scientifiques sont pleins de leurs travaux. Ce n'est qu'en 1840, quand Stanius annonça *la séparation des sexes*, qu'un premier pas fut fait dans cette science. Trois ans plus tard M. de Quatrefages donna beaucoup de détails sur les sexes des Annélides [1]. En même temps de tous les côtés, des recherches de plus en plus étendues commençaient à se faire [2]. Pourtant ce n'est véritablement qu'en 1858 qu'un nouveau jour se fit dans nos connaissances.

M. Thomas Williams [3] publia un mémoire sur les organes segmen-

---

[1] *Comptes rendus*, t. XVII, 1844, et *Ann. Sc. Nat.*, 3e série, t. I.

[2] QUATREFAGES, *Ann. Sc. Nat.*, 3e série, t. XVIII.

[3] *Researches on the Structure and Homology of the reproductive Organs of the Annelids (Philos Trans.)*, 1858.

taires des vers annelés, dont un résumé complet se trouve dans les *Transactions philosophiques* de Londres. C'est à cet auteur que la science doit le nom d'*organes segmentaires.*

En peu de mots on peut résumer ce que cet auteur entendait par cette dénomination. Pour lui :

« L'organe segmentaire est un ovaire ou un testicule, suivant les sexes, avec leur conduit évacuateur. »

Voici la description qu'il donne de cet organe :

« Les organes segmentaires sont des tubes ciliés à deux branches, fixés contre la paroi du corps. Une des branches : branche d'entrée (*ingoing limb*), laisse pénétrer l'eau par le pore qu'elle présente à son point d'attache avec la paroi du corps, l'autre : branche de sortie (*outgoing limb*), laisse sortir cette eau par un pore analogue. Le courant aquifère est entretenu dans ces tubes par les cils vibratiles qui tapissent leur intérieur. Enfin sur une partie de la branche d'entrée de ces organes se trouve la partie génitale. Sur celle-ci arrivent une foule de petits vaisseaux sanguins, formant un lacis vasculaire excessivement riche, apportant ainsi le plasma nécessaire à la naissance des produits de la génération. »

Quant à la manière dont ces organes fonctionnent, l'auteur avance des théories qui ne sont guère en rapport avec les faits anatomiques si précis qu'il donne. Ainsi, pour lui :

« Les œufs ou les spermatozoïdes naissent sur la paroi interne de la branche d'entrée des organes segmentaires. Ces produits tombent chez la plupart des Annélides, par des procédés inconnus, dans des espèces de trames aréolaires, dépendantes desdits organes. Chez les Arénicoles et les Térébelles, les œufs tombent d'abord à l'intérieur de l'organe segmentaire, puis par un tout petit orifice situé sur la branche de sortie, ces produits passent dans la chambre viscérale. Enfin la dernière fonction des organes segmentaires est l'évacuation en dehors des produits mâles ou femelles. »

M. Williams ne s'est pas borné à l'étude des organes segmentaires chez les Annélides, et il a trouvé des homologies bien larges chez d'autres animaux inférieurs.

Il suffit de lire ses descriptions, pour voir que les faits anatomiques laissent à désirer, ce que, du reste, M. de Quatrefages, dans son mémoire sur les Annélides[1], à la page 102-104, signale clairement.

---

[1] *Annélides,* Suite à Buffon. 1865, 2 vol.

Comme on a vu plus haut, c'est à partir de cette date que les naturalistes ont cherché avec plus d'attention ces organes.

Leurs idées à ce sujet diffèrent beaucoup.

Ainsi, M. de Quatrefages dit (p. 104) : « En ce qui me concerne, j'ai peu de chose à dire de l'organe segmental. Comme à tant d'autres anatomistes, qui se sont occupés des Annélides, cet organe m'a entièrement échappé, à moins... » Et, après avoir fait certaines revues et critiques, il ajoute (p. 105) :

« Je pourrais multiplier ces exemples, mais je crois en avoir assez dit pour montrer qu'au point de vue anatomique, l'organe en question a besoin d'être encore sérieusement étudié. »

Enfin, au point de vue physiologique, M. de Quatrefages est encore en désaccord avec Williams. Ainsi, pour lui, les glandes génitales sont en général situées de chaque côté de la chaîne nerveuse (Néréides, Eunices, Syllides, etc.). Donc, si ces organes segmentaires existent, ils ne servent point comme glandes génitales, c'est un fait assez intéressant, qui ne doit pas être oublié. Pourtant, à propos des Térébelles et Arénicoles, ce savant dit (p. 107) :

« Je me trouve d'accord avec M. Williams et ses prédécesseurs, qui depuis Cuvier jusqu'à MM. Edwards et Grube ont tous regardé comme des organes reproducteurs les poches glandulaires, disposées par paires à la partie antérieure du corps de ces Annélides. »

On verra bientôt par mes recherches que ces poches ne sont point les glandes génitales.

En analysant le travail de M. de Quatrefages on peut tirer presque cette conclusion :

Chez les Annélides errants, les ovaires ou les testicules se trouvent sur la ligne médiane du corps. Chez les sédentaires, ces glandes sont situées dans des poches extérieures : Térébelles, Arénicoles, Clyménies, Dujardinies. On doit regretter le manque de figures explicites montrant, si peu que ce soit, l'organisation de ces poches génitales.

Grübe[1] considère les poches latérales des Térébelles comme des ovaires. Il dit même que les œufs naissent autour du vaisseau qui traverse la glande.

Trévirianus[2] décrit, à la base des pieds, des masses ovales comme

[1] Grube, *Zur Anatomie der Kiemenwürmer*, Königsberg, 1838, p. 16.
[2] Trévirianus, *Zeitschrift f. Physiologie*, t. III, Darmstadt, 1829, p. 165.

des glandes génitales. On trouve des vues pareilles chez les anatomistes plus modernes.

Pallas[1], voyant des œufs et des spermatozoïdes dans la chambre viscérale, suppose que ces produits prennent naissance dans le liquide qui remplit cette cavité.

Delle Chiaje[2] décrit aussi des ovaires à la base des pieds chez beaucoup d'Errants.

Enfin bien d'autres anatomistes ont cité, çà et là, quelques faits qui se rapportent plus ou moins aux glandes génitales. A proprement parler, c'est après le travail de Williams que des recherches plus précises ont été publiées par différents auteurs.

En première ligne M. Keferstein[3] doit être cité. On est frappé de la clarté de ses expositions. Il détaille fort bien ce qu'il a vu et ce qu'il n'a pas vu, et en même temps l'auteur cite très exactement les travaux précédemment publiés.

Keferstein cite les organes segmentaires des *Terebella conchylega*, *T. gelatinosa*, *Capitella rubicunda*, *Cirratulus filiformis*, *C. bioculatus*, *Syllis divaricata*, etc. Mais partout l'auteur dit n'avoir jamais vu les glandes génitales. A propos de chaque animal étudié dans cet ouvrage, il y aura le parallèle entre les faits exposés, et ceux que Keferstein en donne pour les mêmes espèces.

Nous pouvons passer tout de suite à M. Claparède. Ce grand savant change souvent d'opinions, ses vues pourtant se résument bien dans des chapitres exposés à deux dates différentes[4].

Il est d'accord avec M. de Quatrefages sur l'isolement des glandes génitales, qui n'ont aucune relation avec les organes segmentaires, comme le veut l'auteur anglais. Cependant, sur le rôle de ces organes, M. Claparède semble hésiter. Ainsi dans son mémoire : *Structure des Annélides sédentaires*, on trouve un chapitre assez étendu où dès le commencement l'auteur dit :

« Qu'on admet généralement et avec raison que ces organes (organes segmentaires) servent à emmener au dehors les éléments

[1] PALLAS, *Miscellania Zoologica*.

[2] DELLE CHIAJE, *Descrizione et Anatomia comparata*, t. III et V, Napoli, 1886, etc.

[3] KEFERSTEIN, *Zeitschrift für wissenschafs. Zool.*, t. XII. 1862, taf. VIII-XI.

[4] CLAPARÈDE, *Annélides chétopodes du golfe de Naples* (*Soc. phys. et d'hist. nat. de Genève*, t. XIX, 1868, p. 333, t. XX. — *Structure des Annélides sédentaires*, 1863. — *Beobachtung über Anatomie und Entwickelungs-ges. wirbellose Thiere* (fig. 17, taf. XII, fig. 4, taf. XI, fig. 19, taf. XI, etc. — CARPENTIER et CLAPARÈDE, 1860, *Furter Researches on Tomopteris onisciformis* (*Trans. of. the Linn. Soc.*, t. XXIII).

reproducteurs. Cependant, comme je l'ai montré à différentes reprises ces organes ont en outre, dans une foule de cas, des fonctions sécrétoires. »

Bien plus encore, après tant de descriptions et de recherches, le savant génevois dit dans son mémoire, à la page 134, à propos des organes segmentaires des Myxicoles :

« Mais c'est pour moi une raison de plus de douter que les éléments reproducteurs suivent cette voie si complexe pour arriver au dehors. Je ne puis abandonner entièrement l'idée des anciens auteurs, que ces éléments sont évacués par des pores latéraux de l'abdomen, d'autant plus que je crois me souvenir d'avoir été une fois témoin de cette évacuation chez une Serpule. »

Pourtant M. Claparède dessine l'organe segmentaire chez beaucoup d'Annélides errants, exemple : *Hermadion, Eunice schizobranchia, Lycodiriens* (Néréidiens), *Alciopiens, Asteropa candida*, etc. Cet organe paraît consister en un tube plus ou moins long avec un pavillon interne et une ouverture à l'extérieur. Quelquefois, à ce qu'il paraît, il y a un réservoir séminal chez les femelles. Mais comment les zoospermes arrivent-ils dans ces poches ? l'auteur dit :

Que, là encore, il y a un mystère pour lui, en l'absence d'organes copulateurs et en présence d'un si grand nombre de pores éjaculateurs chez les mâles.

On trouve de plus dans ce mémoire un fait très remarquable, qui confirme mes opinions sur les organes segmentaires exposées dans le courant de ce travail. Claparède dit :

« La paroi de ces organes est souvent glanduleuse, histologiquement comparable aux éléments du rein des Gastéropodes (*Amphictemiens, Pherusiens*). Ainsi doutais-je à peine que ces organes remplissent un rôle excrémentitiel. Et, comme chez les Oligochètes, ce n'est non plus qu'une partie des organes segmentaires qui se chargent du rôle d'appareil efférent de la génération. »

Il reste à connaître les opinions de Claparède sur les glandes génitales. Pour lui, trois cas peuvent se présenter :

1° Les œufs naissent sur l'épithélium des dissépiments, exemple : *Protula Dysteri ;*

2° Les glandes sexuelles sont des grappes ou des lacis de cordons, dont les axes sont occupés par des rameaux sanguins, et les œufs ou spermatozoïdes naissent aux dépens *d'une couche de nucléus contiguë au vaisseau.* C'est le cas le plus général pour Claparède. J'ai

souligné à dessein le mode de naissance des produits de la génération, pour rappeler que Grübe, Selinka[1] disaient la même chose,
et comparer ensuite ce fait à ceux exposés dans ce travail à propos
des mêmes glandes ;

3° La troisième disposition est au fond la même. Il existerait chez
les Lycodiriens et d'autres Errants un tissu particulier, nommé :
tissu sexuel, duquel naissent les œufs. Il est bien de citer les propres
expressions de l'auteur, comme cela a été déjà fait plus haut.

« Le tissu sexuel consiste en vaisseaux situés à la base des pieds,
et dans la cavité du corps, entourés par un tissu considéré comme
un tissu connectif, chargé de gouttelettes d'apparence huileuse. Les
cellules pâles n'ont pas de membrane. Le protoplasma, homogène
et incolore, renferme un nucléus, une vacuole pleine d'un liquide
aqueux et une gouttelette à réfrigérence comme de l'huile. A la maturité des individus, les œufs apparaissent au milieu de ce tissu. Il
est difficile de ne pas croire que chaque ovule résulte de la transformation d'une des cellules du tissu connectif, soit graisseux.

« Le seul fait établi d'une manière incontestable est donc que les
ovules apparaissent isolément au sein du tissu adipeux. Même chose
pour les mâles. »

Bien que Claparède réponde à M. de Quatrefages en disant que les
organes segmentaires se laissent facilement décrire, sans le secours
du crayon et du pinceau, il eût été utile de montrer ce tissu et le
mode de formation des œufs ou des spermatozoïdes.

Presque en même temps, M. Ehlers (1864-68) publia des recherches sur les Annélides chétopodes, où on trouve des faits assez
remarquables sur ce qui concerne les organes qui nous occupent le
plus.

Ainsi, à l'article : Organes de la reproduction[2], ce savant dit tout
de suite que les glandes génitales sont distinctes des organes segmentaires ; que les œufs ne naissent point, comme on l'a cru jusqu'alors, d'un blastème situé dans la cavité du corps, mais qu'il y a
une masse cellulaire, en forme de grappe de raisin, engendrée à
la surface interne d'une partie de la paroi du corps, ou sur les
dissépiments, jouant, suivant les sexes, tantôt le rôle d'ovaire, tantôt le rôle de testicule.

---

[1] SELINKA, Sur les org. de la reprod. de l'Aphrodite hérissée.
[2] EHLERS, Borstenwürmer. Ann. Chetopoda, 1-2, 1864-1868.

Enfin, que les produits de la génération naissant dans ces glandes se détachent à un moment donné de leur souche, et flottent dans la cavité générale jusqu'à ce qu'ils soient recueillis par les organes segmentaires et rejetés au dehors.

Ce savant est bien plus explicite, mais on est forcé de faire la même observation : Montrez-nous ces glandes, montrez leur situation, leurs rapports, pour que tout naturaliste qui veuille les chercher puisse les trouver sans difficulté.

Quant aux organes segmentaires, quoique M. Ehlers semble être plus clair, on le voit toujours hésiter un peu sur leur véritable fonction.

Ainsi il dit :

« Avec ces organes germigènes, se trouvent constamment des appareils qui ont la propriété de recueillir les produits de la génération du corps de l'animal une fois qu'ils sont mûrs, et de les verser au dehors. Ce sont des organes attachés à la paroi du corps, ayant une ouverture dans la chambre viscérale pour recevoir les produits, et une autre en dehors pour laisser sortir ces mêmes produits. »

Je crois que c'est une chose connue depuis qu'on a étudié les organes segmentaires chez les Lombrics (Oligochètes). Tout le monde admet *à priori*, malgré les opinions des différents savants, que chez les vrais Annélides telle devait être la forme des organes segmentaires. Ce que la science demande, c'est de montrer ces canaux à deux ouvertures, et de bien préciser leur organisation.

Les vues de M. Ehlers sur ces organes se résument ainsi :

1° Chez la majorité des Annélides, il y a dans chaque segment du corps une paire d'organes segmentaires, ayant leur ouverture externe près de la sortie des soies des rames ; exemples : *Nereis*, *Syllis*, etc. ;

2° Chez les Annélides à branchies céphaliques (Céphalobranches), les organes segmentaires sont limités à un certain nombre déterminé de segments. Le tube qui les constitue est courbe, et la branche interne est excessivement pigmentée. Il affirme que, chez ces derniers, on voit sans difficulté la dilatation et le resserrement (les contractions) de l'ouverture externe ; exemple : *Terebella*, *Polycirus*, *Sabellides*, *Siphonostomes*, *Pectinaria* et *Euphrosine* ;

3° Enfin, une troisième forme se trouve chez les vers à élytres. Chez eux, l'organe segmentaire se trouve transformé en un sac contractile, ayant une ouverture interne au sommet d'un court canal et l'ouverture externe au bout d'un autre canal tout petit ; exemple :

Sigalion. Le plûs souvent, ces sacs contractiles s'ouvrent par plusieurs pores garnis de cils, exemple : *Polynoë.*

Il reste encore une indécision à M. Ehlers, savoir :

« Si la forme de l'organe segmentaire est la même chez les individus mâles que chez les femelles. »

M. Ehlers se pose encore quelques questions sur les fonctions de ces organes pendant le repos des glandes génitales : si ces organes laissent entrer quelque chose du dehors ou sortir quelque chose du dedans ? si ces organes servent à la respiration, et surtout à l'excrétion ?

A la fin de ce chapitre on trouve un fait assez intéressant. Chez les Eunices il paraît que la fécondation des œufs a lieu à l'intérieur de la femelle et par conséquent M. Ehlers dit qu'il est possible que les spermatozoïdes soient repris par l'ouverture externe de l'organe segmentaire, pendant le rapprochement des deux individus (♂ et ♀). A cette opinion de M. Ehlers, j'ajouterai d'autres observations dues à MM. Carpenter et Claparède, qui ont vu des rudiments d'ovaires dans la cavité des pieds d'un individu mâle (*Tomopteris onisciformis*). Par contre, M. Vejdovsky[1] dit avoir vu des spermatozoïdes dans la cavité d'un individu femelle. Busch a vu également des petits corps se mouvant avec agilité à l'intérieur du corps d'une femelle.

Comme on le voit par ce résumé, les opinions sur la nature et le rôle de ces glandes sont très diverses, et l'on pourrait encore ajouter celles de MM. Semper, Balfours, Hugo Eisig[2].

Les dessins qui doivent montrer l'organisation des organes segmentaires et des glandes génitales, font presque défaut dans les divers mémoires énumérés. Je serais heureux si mes études sur les Annélides peuvent apporter plus de certitude sur ces organes, objet des recherches de tant de savants. Ce travail a été fait en 1876, 77, 78 et 79. Durant la belle saison de ces années, j'ai habité Roscoff, où j'ai joui de tous les avantages qu'il fournit, avec une égale libéralité, aux Français et aux étrangers. En dehors de ce temps, c'est dans le laboratoire de M. de Lacaze-Duthiers, à la Faculté des sciences de la Sorbonne, où les animaux vivants nécessaires à mes études arrivèrent régulièrement de Roscoff, que j'ai continué mes recherches.

[1] VEJDOVSKY, *Organes de la reproduction chez les Tomopteris onisciformis. Zeitschrift für wissenschaftlische Zoologie,* 31 Band, Erstes Heft.
[2] *Die Segmentalorgane der Capitelliden (Mitheilungen aus der zoologischen Station zu Napel,* I, Band; I, Heft, taf. IV, 1878).

PREMIÈRE PARTIE.

ANNÉLIDES SÉDENTAIRES.

M. de Quatrefages divise ses Polychètes (Annélides proprement dits) en Sédentaires et Errants. Cette classification, je crois, est admise généralement, et je puis dire que, d'après mes recherches, les organes de la reproduction ont des dispositions différentes dans les deux ordres.

Mes premières études ont eu pour objet l'ordre des Sédentaires. J'ai choisi plusieurs types dans différentes familles, et j'ai étudié les organes de la reproduction dans leurs détails les plus minutieux.

C'est un premier travail que j'espère continuer sur un plus grand nombre d'espèces.

Voici les types étudiés [1] :

1° Famille des Arénicoliens : *Arenicola piscatorum ;*

2° Famille des Térébelliens : *a, Terebella gigantea ; b, Terebella conchylega ;*

3° Famille des Ophéliens : *Ophelia bicornis ;*

4° Familles des Chétoptériens : *Chetopterus Valencinii ;*

5° Famille des Serpuliens : *a, Sabella arenilega ; b, Myxicola modesta ;*

6° Famille des Clyméniens : *Clymenia zostericola ;*

7° Famille des Pectinaires : *Pectinaria belgica ;*

8° Famille des Hermelliens : *Hermella crassissima.*

Nous allons suivre l'ordre indiqué :

CHAPITRE I.

FAMILLE DES ARÉNICOLIENS.

C'est sur une espèce excessivement commune sur les plages de Roscoff et sur tout le littoral de la Manche : l'Arénicole des pêcheurs (*Arenicola piscatorum*), que j'ai fait les recherches.

[1] Les spécifications ont été faites d'après l'ouvrage classique de M. de Quatrefages.

Avant d'aborder l'étude de ses poches, ou organes segmentaires d'après M. Williams, je dois rappeler quelques faits de l'ensemble de l'organisation de l'animal, en m'attachant surtout à la circulation, qui est du reste en relation très intime avec ces poches.

J'aurai deux articles : l'un traitant de l'ensemble de l'animal, et le second, des organes de la reproduction et des organes segmentaires.

Article I. — de l'animal.

Dans cet article, je vais mentionner en peu de mots tout ce qui concerne les fonctions concourant à la conservation de l'individu.

§ 1. *Corps.*

Le corps de l'animal a été très bien étudié par tous les naturalistes; son intérieur m'arrêtera un instant.

Intérieur. — Les figures 1 et 2 de la planche XIX éclaireront ces observations. Sur la figure 2, représentant une coupe faite perpendiculairement à l'axe du corps, on voit sur la ligne médiane et inférieure un sillon qui traverse la longueur de l'animal; c'est là que se trouve la chaîne nerveuse (*n*). De chaque côté naissent des bandes musculaires (*b*) de structure remarquable, se portant obliquement en haut et en dehors, et s'insérant sur la paroi du corps, sur une ligne qui passe au niveau des branchies et au-dessus des rames sétigères des pieds. Ces bandes passent entre les fibres musculaires longitudinales du corps (*m′*) et pénètrent dans les fibres musculaires circulaires (*m*). La ligne d'insertion de ces bandelettes est très manifeste sur un animal ouvert par le dos. Sous le microscope, une de ces bandelettes paraît formée d'un amas de longues fibres très délicates, parallèlement réunies (fig. 3, pl. XIX), traversées dans leur longueur par de petits vaisseaux.

Leurs deux faces sont couvertes par un épithélium pavimenteux stratifié, à cellules plus ou moins hexagonales, avec granulations pigmentaires, jaunâtres. Par la compression avec les lamelles minces à préparations microscopiques, on désagrège des espèces de sphérules de 1 centième de millimètre de grandeur, transparentes, ayant un ou deux nucléoles graisseux à mouvement brownien.

D'après cela, la cavité du corps est partagée en trois loges, dont une médiane, plus grande, et deux latérales. Dans la première se trouve logé l'intestin ; dans les chambres latérales et à la partie antérieure du corps se trouvent les organes de la reproduction avec toutes leurs annexes, et le reste se trouve vide de tout organe. Je dois dire que plus on s'approche de l'extrémité postérieure de l'animal, plus les bandes musculaires sont minces et délicates.

La cavité générale du corps est divisée encore dans le sens de la longueur. En effet, en avant et au niveau du commencement du quatrième anneau se trouve une cloison verticale en forme de diaphragme (d) (fig. 1), limitant antérieurement la cavité du corps. La loge située au-devant du diaphragme (d) est à son tour partagée en deux par une cloison diaphragmatique d', qui se trouve au commencement du troisième anneau. Enfin, au deuxième anneau on retrouve un diaphragme d'', cette fois-ci bien mieux dénommé. Car, tandis que les deux précédemment décrits sont de simples membranes excessivement minces et transparentes, le dernier est épais et musculeux. Partant ainsi de la tête, nous rencontrons quatre compartiments : un correspondant au premier anneau, et, comme il renferme la trompe, on peut le nommer *chambre de la trompe*. Un autre correspond à l'étendue du deuxième anneau céphalique. Là se trouve la première partie du pharynx. Une troisième chambre correspond au troisième anneau céphalique renfermant la deuxième portion du pharynx. Ces deux dernières chambres peuvent être dénommées *chambres pharyngiennes*. Enfin, vient la quatrième, ou la *chambre viscérale*, qui s'étend dans toute la longueur du corps. Les bandes musculaires citées plus haut ne se trouvent que dans cette dernière chambre. Je dois ajouter que, dans la région abdominale, chaque anneau est séparé l'un de l'autre par un diaphragme (voir le dessin de M. Milne-Edwards).

Chacune des cloisons s'insère tout autour de l'anneau et s'applique étroitement sur l'intestin qui le traverse. Le dernier diaphragme d se réfléchit à la manière du péritoine sur la face interne du corps et sur le tube digestif. De sorte que, sur une coupe de la portion musculeuse du corps, on voit à la face interne de la couche musculaire à faisceaux longitudinaux une autre couche de nature presque amorphe, ayant à sa face interne un épithélium analogue à celui qui entoure les bandelettes.

Sur une coupe faite perpendiculairement à un anneau on voit l'hypoderme (h) assez épais, ensuite les muscles circulaires (m) en faisceaux composant l'anneau coupé, puis les fibres musculaires d'un des muscles longitudinaux (*m'*), enfin, le péritoine assez épais (*p*). La figure a été un peu schématisée pour obtenir plus de clarté, mais elle est exacte en ce qui concerne la disposition des couches.

Le diaphragme *d'''* est musculaire et ses fibres, d'une part, se continuent avec les fibres musculaires longitudinales du pharynx et, d'autre part, en se fixant à la circonférence de l'anneau, s'entremêlent avec les fibres des muscles longitudinaux du corps.

Ces faits relatifs à la présence des diaphragmes ne sont point signalés dans les mémoires des auteurs qui se sont occupés de l'Arenicole. Ainsi il y a deux figures dans le journal *Issis*[1], d'Oken, et les diaphragmes n'y paraissent pas. Même chose se remarque dans les figures de Home[2] et dans celle de M. Milne-Edwards[3], c'est pourquoi j'ai cru nécessaire d'insister. Leur intérêt se fera sentir bientôt.

J'ajouterai un mot sur l'extérieur. Tout le monde connaît les trois couleurs du corps de ces Annélides : la tête est d'un vert foncé, le thorax jaune et rouge de sang, l'abdomen tout à fait jaune. Cette coloration est due à des cellules pigmentaires qui se trouvent sous l'épiderme à la face supérieure du derme ou hypoderme (Claparède). Ces cellules allongées, coniques en se désagrégeant, ont la propriété de former une matière verdâtre qui tache la peau en jaune. Il suffit de toucher ou mieux d'exciter un Arénicole qui baigne 'dans l'eau de mer et immédiatement on voit des nuages verdâtres qui coulent en quelque sorte de tous les côtés du corps, surtout de la portion céphalique, et se dissolvent dans l'eau. Je n'ai pas cherché la nature de ce liquide coloré, pourtant il serait intéressant d'en faire l'analyse.

Enfin, la tête présente une particularité remarquable. La figure 5, planche XIX, représente cette partie vue par sa face dorsale. Lorsqu'on observe un Arénicole à l'état de repos, on voit aisément au-dessus de la bouche soit une simple fente, soit mieux encore un espace triangulaire plus blanc.

Pour comprendre la nature de cette portion, il faut se souvenir

---

[1] OKEN, *Sur l'anatomie de* l'Arenicola piscatorum, avec planches dans *l'Issis*, 1817, p. 466-475.

[2] HOME, *Philosophical Transactions*, 1827, Plate III, p. 12. *Sur la circulation des Vers*, part. I.

[3] MILNE-EDWARDS, *Ann. de la Soc. de Sc. Nat.*, 1838, 2e sér., t. X, p. 212-217, pl. 1, et *Règne animal* de Cuvier.

que chaque anneau du corps se compose de cinq segments dont le premier est sétigère. Le premier anneau se compose de sept ou neuf segments, dont les deuxième, troisième et quatrième avoisinant la bouche, sont incomplets en haut, d'où résulte cet espace triangulaire. Là se trouve le *cerveau* (*c*). Cette masse nerveuse fait saillie à chaque instant dans l'espace triangulaire, elle est recouverte seulement par la peau réfléchie et qui empêche l'eau de pénétrer à l'intérieur du corps.

J'ai dit plus haut que les fibres musculaires se sont arrêtées sur la face dorsale, pourtant il n'en est pas tout à fait ainsi. Les fibres circulaires des trois segments qui concourent à la formation de cet espace, passent au-dessous du cerveau, à la manière d'un pont sur lequel reposent les deux ganglions cervicaux. Enfin, les fibres musculaires longitudinales se trouvent plus profondément et continuent leur route. Comme conclusion on peut dire que le deuxième, troisième et quatrième segment du premier anneau céphalique sont déprimés au niveau du cerveau et ont passé au-dessous de lui, laissant seulement la peau tapisser la dépression ainsi limitée, et la masse nerveuse.

Ce fait, étant assez remarquable, méritait d'être signalé.

§ 2. *Organes de la nutrition.*

Dans ce paragraphe, je me propose de revoir la circulation.

Circulation.

Les organes de cette fonction ont été surtout étudiés par mon maître M. Milne-Edwards[1]. Il y a très peu de chose à dire sur l'ensemble de l'appareil; c'est surtout sur les détails de la distribution de ses branches que je m'étendrai.

Pour procéder méthodiquement je vais décrire d'abord les gros troncs qui composent la partie centrale, et puis les petits troncs de distribution ou la partie périphérique.

I. *Partie centrale* (fig. 1, 2, 6, pl. XIX). — Toute la partie centrale est située autour du tube digestif; elle comprend :

1° *Un vaisseau dorsal* (*v'*) qui suit toute la longueur du tube digestif;

---

[1] *Loc. cit.*

2° *Un vaisseau ventral* (*v*) attaché à la face inférieure du même tube;

3° *Deux vaisseaux latéraux* (*v″*) creusés dans les parois mêmes du tube digestif, et d'une longueur limitée;

4° *Deux vaisseaux sous-intestinaux* (*vs*) creusés encore à la face inférieure du tube digestif et au-dessous desquels se trouve le vaisseau ventral;

5° *Un cœur*, composé de deux ventricules (*vn*) auxquels sont attachées deux oreillettes (*o*), lesquelles ne sont que les vaisseaux latéraux très dilatés.

Voyons chaque vaisseau en particulier.

1° *Vaisseau dorsal.* — Ce vaisseau longe tout le tube digestif. Il commence en arrière tout autour de l'anus et s'avance en augmentant de calibre vers la tête. Dans la région thoracique le vaisseau est très dilatable et reçoit les vaisseaux péri-intestinaux (*vp*). Le tube digestif présente des îlots entourés de sang et toutes ces gouttières sanguines communiquent d'une part avec le vaisseau dorsal, et, d'autre part, avec les vaisseaux latéraux et avec les vaisseaux sous-intestinaux. Chaque îlot à son tour n'est qu'un réseau de fins vaisseaux sanguins.

Le vaisseau dorsal continue son chemin en passant au-dessus de l'étranglement post-pharyngien, entre les deux poches cæcales (*p*) et arrive ainsi sur le pharynx (*p′*). Plus loin le vaisseau est attaché à la voûte de la chambre par une cloison (*c′*) comme un mésentère. De sorte que le vaisseau et le pharynx sont maintenus ainsi attachés, et si l'on coupe ce mésentère, le vaisseau continue à recevoir le sang qui lui arrive d'arrière pour s'avancer plus loin dans la tête.

M. Milne-Edwards dit que les vaisseaux latéraux, après avoir formé les *oreillettes* (*o*), débouchent dans le vaisseau dorsal. Or, ces vaisseaux continuent leur chemin sur les parties latérales du pharynx jusqu'au bout. Les injections multiples que j'ai pratiquées sur ces animaux me l'ont bien démontré.

Le vaisseau dorsal parvenu au diaphragme musculaire (*d″*) le traverse et arrive sur le cerveau, se loge entre les deux ganglions cervicaux, puis se ramifie à droite et à gauche et s'anastomose avec le vaisseau ventral.

Le vaisseau dorsal est extrêmement contractile. Le sang lui arrive d'arrière en avant et le gonfle énormément. Dès qu'on touche un point quelconque de son trajet, le sang en est chassé en avant, en arrière et sur les côtés, et il se produit alors une espèce de spasme local, ne permettant plus au sang d'avancer, ni de reculer pendant un certain temps. On voit alors le liquide nourricier de couleur rouge intense arriver jusqu'au point touché, s'accumuler et distendre le vaisseau, et s'il y a plusieurs de ces points touchés, le vaisseau aura l'aspect d'un thermomètre dans lequel la colonne de liquide aurait été fragmentée par parcelles. D'autres fois, après une excitation, le sang est refoulé entièrement dans le corps ; le vaisseau s'affaisse complètement, et si l'on veut faire une injection, on ne peut y parvenir.

2° *Vaisseau ventral* (*v*). — Ce vaisseau présente un aspect tout différent. D'abord, dans toute sa longueur il a le même calibre et l'on n'aperçoit en lui aucune contraction. Sa couleur est due à une couche de cellules pigmentaires analogues aux cellules qui couvrent les culs-de-sac sanguins (*c*), si abondants à la face interne du corps. Ces cellules pigmentaires recouvrent les trois quarts de la circonférence du vaisseau, laissant à nu seulement la face supérieure, par laquelle il est attaché à l'estomac à l'aide du péritoine.

Le vaisseau ventral naît tout à fait dans la loge de la trompe, par un double cercle de ramuscules sanguins anastomosés avec les dernières ramifications du vaisseau dorsal et des vaisseaux latéraux. Ensuite, il passe dans la première chambre pharyngienne, fixé à la face inférieure du pharynx, traverse le deuxième diaphragme (*d'*), ensuite le troisième (*d*), et arrive dans la chambre viscérale proprement dite. Il suit toujours le tube digestif auquel il est accolé, et ne repose pas directement sur la chaîne nerveuse, comme le ferait un vaisseau ventral proprement dit, et comme il est représenté dans les figures de M. Milne-Edwards. Vers l'extrémité postérieure du thorax, au niveau même de la septième paire de branchies, le vaisseau ventral s'accole complètement à l'intestin, et communique dès lors avec les ramuscules très fins que présente encore ce tube. Ce fait résulte de l'arrêt des vaisseaux sous-intestinaux à ce point ; de sorte que, dans la région abdominale, il ne reste que le vaisseau dorsal et le ventral qui continuent encore leur route jusqu'au bout du corps. Tout autour de l'anus, le vaisseau se ramifie et s'anastomose avec le vaisseau dorsal.

3° *Vaisseaux latéraux*. — Ces vaisseaux se trouvent sur les parties latérales de l'estomac (*e*). Ils communiquent en haut avec le vaisseau dorsal par les canalicules latéraux (*vp*) qui limitent les gros

îlots stomacaux, et en bas avec le vaisseau sous-intestinal correspondant. En arrière ces vaisseaux, se rapprochant toujours du vaisseau dorsal, finissent par s'aboucher avec lui, paraissant ainsi naître
de celui-ci et avancer ensuite vers la tête sur les parties latérales de
l'estomac (comme on voit sur la figure 1, pl. XIX). En avant, les vaisseaux latéraux ont une marche toute différente. D'abord, en s'approchant de l'extrémité antérieure de l'estomac, tous les deux montent
en haut vers la ligne médiane. Là, ils s'élargissent beaucoup en
forme de vésicules contractiles jouant le rôle d'*oreillettes* (o). Les
vésicules envoient un tout petit rameau aux *ventricules* (vn), autres
vésicules avoisinantes ; l'ensemble constitue le *cœur* de ces animaux.
Les vaisseaux latéraux, après avoir communiqué avec les *ventricules*,
se continuent en avant sous forme de vaisseaux excessivement
grêles qui côtoient la partie étranglée ou l'œsophage (é). Arrivés au
niveau des poches cæcales (p), ils leur envoient un rameau qui
remonte par leur bord antérieur, lequel s'épanouit ensuite sur
leurs deux faces en formant un réseau d'une délicatesse extrême.
Ensuite les vaisseaux latéraux ainsi réduits montent sur les parties
latérales du pharynx, où ils prennent le nom d'*artères pharyngiennes
latérales* (à), et se ramifient sur les parois de cette portion du tube
digestif jusque autour de la trompe, où les dernières ramifications
s'anastomosent avec le vaisseau ventral.

L'*oreillette* ne communique pas avec le vaisseau dorsal dans cette
région, et si l'on pousse une injection dans son intérieur, on remplit le *ventricule*, ainsi que le prolongement du vaisseau latéral, et
l'on arrive à injecter même le vaisseau dorsal, après que le liquide
s'est porté en arrière dans le vaisseau latéral et que les vaisseaux
de communication péri-stomacaux se sont eux-mêmes gonflés.

Ce qui a fait croire que le vaisseau dorsal communique avec les
vaisseaux latéraux au niveau du cœur formant un véritable sinus, ce
sont les nombreux rameaux qui naissent à cet endroit du vaisseau
dorsal, lesquels se ramifient dans les parois de l'œsophage en réseau
excessivement riche. Or, sur un animal vivant et dont l'appareil
vasculaire est turgide, on voit le sang s'accumuler et distendre les
oreillettes et les ventricules ; il en est de même pour le vaisseau dorsal
et le réseau qui en dépend. Comme toutes ces artères et poches se
dilatent énormément, elles arrivent à se toucher ; de là cette ressemblance à un vaste sinus. Cette idée m'est venue presque toujours, et
la vérité fut mise en évidence seulement, après avoir fait des injec-

tions avec de la graisse colorée. Voici pourquoi M. Milne-Edwards a
décrit et dessiné un sinus, quand en réalité il n'en existe point. Du
reste, il est très facile de s'en convaincre. L'animal étant préparé
pour une injection, on plonge la canule dans le vaisseau dorsal
tout près du bord antérieur de l'estomac. Le liquide pénètre
immédiatement dans les rameaux péri-œsophagiens, qui se gon-
flent énormément, tandis que le cœur reste intact. S'il y avait
un sinus, on devrait l'injecter et ensuite remplir le cœur. Au
contraire, si l'on pousse l'injection dans un *ventricule* droit ou
gauche, on voit le liquide coloré passer dans le vaisseau ventral,
dans l'*oreillette* correspondante et son vaisseau ; et puis, par les
canaux verticaux, l'injection passe dans le vaisseau dorsal en haut
et dans le vaisseau sous-intestinal correspondant en bas. Par conséquent point de sinus.

4° *Deux vaisseaux sous-intestinaux*. — Dans l'ouvrage cité [1],
il n'y a de décrit qu'un seul vaisseau sous-intestinal. Les injections m'en ont toujours démontré deux, chose très facile à vérifier, car de chaque côté il y a de petits vaisseaux qui arrivent
des branchies (*vb*) et qui débouchent en eux. S'il n'y avait qu'un
vaisseau sous-intestinal, toutes les fois qu'une injection y arri-
verait, le liquide coloré devrait pénétrer dans un des vaisseaux
branchiaux autant du côté droit que du côté gauche. Il n'en est
rien cependant, et si l'on injecte, je suppose, le vaisseau latéral
du côté gauche, le liquide arrivant dans le vaisseau sous-intestinal
ne passe que dans les rameaux branchiaux du même côté, ce
qui prouve qu'il il y a deux vaisseaux sous-intestinaux. A côté
de ce moyen très sûr, il y en a un autre tout aussi utile dans ces
recherches. On fait macérer un Arénicole pendant vingt-quatre
heures dans de l'acide acétique étendu ; tout le sang se coagule,
toutes les artères prennent une consistance remarquable, et leur
ensemble est de couleur noire grisâtre. En pratiquant des coupes,
on voit très bien les deux artères tout près l'une de l'autre, et au-
dessous d'elles la coupe du gros vaisseau ventral (*v*). On les voit encore, avec la dernière netteté, en enlevant ce dernier vaisseau et regardant de face le tube digestif (*vs*) (fig. 6, pl. XIX). Ils communiquent
avec les rameaux péri-intestinaux, et c'est dans leur cavité que débouchent une partie des vaisseaux venant des branchies (*vb*).

---

[1] *Ann. des Sc. Nat.*, 2ᵉ série, t. X.

2

Les deux vaisseaux sous-intestinaux commencent au niveau de l'extrémité antérieure de l'estomac et disparaissent vers le point où se trouve l'insertion de la septième paire de branchies, communiquant alors directement avec le vaisseau dorsal. Les vaisseaux arrivant des branchies se portent aussi vers ce dernier et y débouchent.

Au-delà de ce point, le tube digestif n'est en rapport direct qu'avec les vaisseaux dorsal et ventral, toujours en communication l'un avec l'autre par les canaux péri-intestinaux. En suivant ces descriptions sur les figures, on pourra facilement éviter toutes les difficultés que mon langage peut soulever.

5° *Cœur*. — Le cœur des Arénicoles se compose de deux ventricules (*v n*) très contractiles, formés de fibres musculaires et de tissu conjonctif. Ils sont situés sur les côtés de l'œsophage ; dans leurs cavités débouchent en haut les oreillettes (*o*) par un tout petit canal, et lorsque ces deux portions du cœur sont gonflées par le sang, elles se touchent sur une large surface. Cela se voit très bien sur de gros Arénicoles conservés dans l'acide acétique. Le sang coagulé dans les ventricules et les oreillettes permet de voir l'étendue des surfaces de contact en même temps que le tout petit orifice de communication.

Chaque *ventricule* communique avec le vaisseau ventral par un canal grêle, oblique en bas et en arrière. Sur des animaux vivants et ouverts, on voit facilement le sang couler dans l'appareil circulatoire. Pour les ventricules, voici ce que j'ai observé : l'ouverture auriculo-ventriculaire étant située tout près du bord antérieur du ventricule, le sang arrivant de l'oreillette remplit d'abord la portion antérieure correspondante. De là, on le voit passer dans la partie postérieure de la poche pour couler ensuite dans le vaisseau ventral. On dirait que chaque ventricule est double, et il est très difficile de les découvrir à cause de la délicatesse de leurs parois.

Nous pouvons passer à l'étude des vaisseaux périphériques.

II. *Partie périphérique*. — Dans ce paragraphe je dois décrire tous les vaisseaux du corps qui naissent de l'appareil central ou qui débouchent dans son intérieur. Comme il n'y a que le vaisseau ventral proprement dit qui envoie des branches, tandis que les autres en reçoivent, je commencerai par ce dernier vaisseau.

1° *Branches du vaisseau ventral*. — Le vaisseau ventral, dès qu'il a passé le deuxième diaphragme, envoie une paire de branches très fines, lesquelles suivent le bord inférieur du diaphragme et pénétrent dans un sillon (s') que l'on trouve sur toute la longueur du corps et sur lequel sont attachés les organes segmentaires. Ces rameaux sanguins donnent des branches aux pieds et aux segments de l'anneau. Après le premier diaphragme (d), naît une autre paire de vaisseaux qui suit la même marche ; seulement, à une certaine distance du lieu où elle plonge, une petite branche se détache de chacun d'eux pour aller dans un organe voisin, qui est l'*organe segmentaire* (os), où elle se ramifie d'une manière très remarquable, comme nous le verrons dans un instant[1]. Les deux paires de vaisseaux émises par le tronc ventral sont accompagnées d'autres canaux qui remontent vers le vaisseau dorsal pour déboucher dans son intérieur ; de sorte que le sang chassé dans chaque anneau par les branches inférieures du vaisseau ventral retourne par d'autres branches dans l'appareil central.

Près de l'extrémité postérieure du pharynx du vaisseau ventral, naissent deux canaux. Ils suivent la même voie, et au niveau de la deuxième paire de poches segmentaires ils envoient des branches ; ensuite ils pénètrent dans le sillon indiqué près du pied, et un vaisseau efférent remonte vers le vaisseau dorsal. En arrière des poches cæcales (p) naît la quatrième paire d'artères branchiales (a), lesquels portent le sang aux branchies, et les vaisseaux efférents ou les veines branchiales (v b) débouchent encore dans le vaisseau dorsal. A partir de là, toutes les veines branchiales débouchent dans les vaisseaux sous-intestinaux, jusqu'au niveau de la septième paire de branchies, où de nouveau les vaisseaux efférents débouchent dans le vaisseau dorsal. Dans la région abdominale il y a un anneau vasculaire dans chaque segment sétigère, dans le point où l'intestin est fixé à l'aide du mésentère, et de ces circuits naissent les artérioles qui serpentent dans les parois de chaque segment abdominal.

Jusqu'à présent nous avons énuméré les branches principales de la portion périphérique de l'appareil circulatoire. Il reste à connaître la manière dont ces branches se comportent à leur tour. Il y a trois cas à distinguer :

a. Les branches du vaisseau ventral vont à une branchie :

b. Ils rencontrent un organe segmentaire ;

c. Ils rencontrent à la fois une branchie et un de ces organes.

a. Le premier cas se présente en particulier au niveau de la

[1] *Org. segmentaire*, p. 39.

troisième paire de branchies, où finissent les organes segmentaires.
Comme je l'ai dit déjà, le vaisseau se bifurque et une branche
suit la direction du vaisseau principal vers le sillon sétigère (fig. 1,
pl. XIX, et fig. 10, pl. XX), et plonge dans la base de la branchie.
Là elle se ramifie, formant un réseau auquel font suite d'autres rameaux réunis en un vaisseau efférent de la branchie (*vb*). Ce dernier
sort tout près du vaisseau afférent, en suivant la direction de l'artère
branchiale qu'il remonte, puis il débouche dans le vaisseau sous-
intestinal correspondant. L'autre branche (*s*) de bifurcation de l'artère branchiale se porte en arrière et plonge dans un sillon (*s'*)
parallèle à celui des pieds. Sur ce sillon se trouvent attachés les corps
de Bojanus (*b*). Chacune des branches, avant de s'enfoncer ainsi,
envoie un tout petit rameau qui longe la ligne d'insertion des
pieds, et fournit les artérioles de la moitié supérieure de chaque
segment annulaire. La branche (*s*) se bifurque aussi et pénètre dans
le sillon (*s'*). L'un de ces rameaux se porte en haut, l'autre en bas.
L'un et l'autre fournissent les vaisseaux sanguins de la moitié inférieure de chaque segment, qu'on voit parfaitement bien lorsqu'on
incise un anneau. Alors, aidé d'une loupe, on aperçoit la lumière
du vaisseau circulaire du segment coupé et les gouttes de sang qui
s'échappent de temps en temps (*v*, fig. 4, pl. XIX). Sur des animaux
conservés dans de l'acide acétique, les coupes longitudinales ou
transversales montrent très bien ces vaisseaux sanguins sous-der-
miques. En résumé, dans chaque segment annulaire il y a, sous
l'hypoderme, un cercle vasculaire fourni par la branche postérieure
de l'artère branchiale. Pareille chose a lieu de chaque côté de la
chaîne nerveuse et les rameaux tant de la moitié supérieure que de
la moitié inférieure s'unissent entre eux sur la ligne médiane.

Dans le cas supposé, il se peut qu'il n'y ait pas de branchies ;
les vaisseaux sanguins cependant ne changent point de disposition.

b. Passons au second cas, où le rameau naissant du vaisseau ventral
rencontre une de ces poches qu'on trouve de chaque côté du corps
dans la région thoracique. Nous en avons un exemple immédiatement
en arrière du premier diaphragme (*d*). En pareil cas rien ne change
dans le plan indiqué plus haut. Seulement la branche postérieure de
la bifurcation croise la face supérieure de la poche avant de pénétrer dans le sillon. La manière dont cette branche croise ces poches
sera indiquée plus loin, lorsque nous ferons connaître l'organisation

des poches mêmes[1]. On verra, d'autre part, le rôle que jouent ces vaisseaux sanguins par rapport à la reproduction, et surtout après que les glandes génitales auront été étudiées chez les Térébelles et les Ophélies.

c. Pour le troisième cas, on conçoit comment les choses doivent se passer, après les descriptions qui précèdent.

Dans la portion périphérique de l'appareil circulatoire je dois décrire les culs-de-sac qui se trouvent soit à la face interne du corps dans la région thoracique, soit de chaque côté du vaisseau ventral au niveau des septième et huitième paires de branchies.

III. *Culs-de-sac.* — Les culs-de-sac se trouvent en abondance chez des Arénicoles très pigmentés.

On a interprété de différentes façons le rôle de ces culs-de-sac. En général on les compare à des espèces de glandes sécrétoires. Or, le mot *glande* impliquant une certaine structure, on a dû la chercher. Malheureusement les auteurs se sont contentés de donner un nom sans chercher aucune preuve à l'appui de leurs vues. Ainsi, M. Milne-Edwards dit que les culs-de-sac jaunâtres qui tapissent la face interne du corps servent à sécréter la matière jaune-verdâtre qui enduit le corps de l'animal lorsqu'on le touche, et que ceux qui se trouvent de chaque côté de l'intestin servent peut-être à sécréter la bile. Le microscope m'a indiqué des faits complètement contraires aux vues des différents naturalistes.

En arrachant un de ces culs-de-sac et en le soumettant à l'observation, on constate que ce n'est qu'un vaisseau sanguin terminé en cæcum (fig. 7, pl. XIX), et que tout autour de lui se trouvent des cellules sphériques, petites, à granules graisseux imbriqués les uns sur les autres et cachant ainsi presque complètement le vaisseau central. J'ai observé la même chose pour les culs-de-sac noirâtres qui se trouvent à la face interne du corps de la Sangsue. C'est toujours un vaisseau entouré de cellules pigmentaires.

Ces cellules ressemblent beaucoup à celles qui tapissent les poches mentionnées et que je considère comme des *reins* ou des *corps de Bojanus*. C'est à ces cellules qu'est due aussi leur coloration jaune foncée. En résumé, il n'y a rien là qui ressemble à une glande, et la figure 7 donne une idée de leur structure.

Un examen attentif montre à la face interne de toute la surface du

[1] Voir p. 31.

corps ces culs-de-sac sanguins qui sortent entre les fibres musculaires et flottent dans la chambre viscérale. Seulement, comme ces
derniers sont dépourvus de cette enveloppe pigmentaire, ils passent
inaperçus.

Nous devons nous demander quel est le rôle de ces culs-de-sac.
Malheureusement, la réponse est souvent difficiles. Ce qui est certain, c'est que ces organes n'ont aucun rôle sécrétoire, ou du moins
pas celui qu'on leur attribue.

IV. *Circulation du sang.*—Du moment que nous connaissons l'organisation de l'appareil, voyons en très peu de mots quelle est la
marche du sang coloré qui le remplit. En première ligne, il faut
dire qu'elle n'est pas toujours régulière, du moins sur les animaux
que l'on vient de recueillir. Peut-être dans leurs tubes si admirable-
ment creusés dans le sable des plages marines où ils ont peu d'oc-
casions d'être inquiétés, la circulation a-t-elle plus de régularité. Et
cela est si vrai, que si l'on observe des Arénicoles placés dans des
cuvettes pleines d'eau de mer, il est impossible de déterminer la
route suivie par le sang. En effet, tantôt l'Arénicole s'allonge et
reste calme pendant quelques minutes ; on voit alors des renflements commencer dans la région postérieure du thorax et se pro-
pager de segment en segment et d'anneau en anneau jusqu'à l'extrémité antérieure. Au moment où une onde va arriver à la région
branchifère, les paires de branchies des derniers segments, flétries,
ratatinées, sont de couleur jaune pâle. Plus l'onde s'approche de
leur insertion, plus elles se distendent de la base vers le sommet, se
colorant en même temps d'un beau rouge de carmin. Ce que je
viens de dire se passe dans chaque anneau, et quand toutes les
branchies ont été colorées, les dernières se flétrissent et le cycle
recommence. Il faut croire que les choses se passent toujours
ainsi. Mais depuis que j'ai commencé cette description, la marche
du sang a bien des fois changé chez l'Arénicole ! Car, à peine en
observation, l'animal change de place, roule quelque temps sur lui-
même, et pendant toutes ces manœuvres les branchies sont contractées, sinon toutes, du moins la plupart ; çà et là on en voit une qui
est distendue, ou, comme il arrive souvent, les branchies d'un seul
côté sont flétries et ne fonctionnent pas, tandis que l'autre rangée se
contracte comme à l'ordinaire. Quelle voie suit le sang alors ? Il n'est
pas facile de l'indiquer. J'ai donc pu dire avec raison : « La
marche du sang n'est pas toujours régulière. »

Après de longues observations on arrive à constater, comme l'a très bien décrit du reste M. Milne-Edwards, que le vaisseau dorsal contient en général du sang artérialisé, marchant d'arrière en avant, et que ce sang lui arrive soit directement, soit par l'intermédiaire des canaux péri-intestinaux; que le vaisseau ventral contient surtout du sang veineux, et que le liquide poussé par le cœur marche d'avant en arrière. Le cœur serait veineux.

Je termine ici cette longue et pénible description. En somme, je n'ai fait que relever quelques petites erreurs.

§ 3. *Organes de l'innervation.*

Arrêtons-nous un instant sur le *cerveau* et sur les *otocystes* (fig. 5, pl. XIX ; fig. 8, pl. XX).

Cerveau. — Le cerveau, comme il a été dit dans le premier paragraphe, se trouve presque à nu, n'ayant au-dessus de lui que la peau très amincie. Les deux ganglions qui le composent, très allongés, sont séparés par le vaisseau dorsal qui passe entre eux. C'est par leur bord antérieur qu'ils sont réunis à la chaîne nerveuse à l'aide du collier œsophagien. Les fibres musculaires qui vont du pharynx aux parois du corps, passent au-dessus du collier et le fixent de cette façon contre ses parois. Lorsqu'on a détaché le diaphragme musculaire, on le voit tout entier avec la dernière clarté à cause de sa coloration jaunâtre. Sur la structure sans doute il y aurait beaucoup de choses à faire, mais le temps m'a manqué.

Otocyste. — L'organe de l'audition ou l'otocyste (*o*) a été découvert par Grube et Stannius[1], ensuite décrit et dessiné par M. de Quatrefages[2]. Il m'a semblé que ces organes méritent encore d'être étudiés.

Il y a un otocyste de chaque côté de la trompe, maintenu appliqué contre le collier œsophagien par les fibres musculaires indiquées plus haut. Chaque organe se compose d'une vésicule jaune et d'un pédoncule qui s'applique à la concavité du collier œsophagien (*c'*) pour se confondre avec ses éléments.

Structure. — Chaque otocyste sous le microscope, à un grossissement de 580 diamètres, se montre formé de plusieures couches. En première ligne on trouve une couche striée (*m*) (fig. 9, pl. XX), ana-

---

[1] SIEBOLD et STANNIUS, *Anat. comp.*, t. I, p. 201.
[2] *Loc. cit.*, Suites à Buffon.

logue au névrilème de la chaîne nerveuse avec laquelle elle se continue, disposée circulairement tout autour de la poche otocystique.
Au-dessous se trouve une autre couche d'une teinte jaune (e) et
très granuleuse.

C'est à cette couche que l'organe de l'audition doit sa couleur. Elle
se continue dans le pédoncule et arrive au collier œsophagien, avec
les éléments duquel elle se met en relation. Plus en dedans se trouve
la poche auditive (p), qui se continue assez loin dans la base du pédoncule; on la voit quelquefois arriver presque à la moitié de la longueur
de ce dernier. Cette poche a une paroi assez épaisse, et toute sa surface
interne est tapissée par un épithélium ciliaire, de sorte que sur des
otocystes récemment arrachés à un Arénicole on voit parfaitement
bien les mouvements que les cils vibratiles impriment aux otolithes.
Ce fait est assez remarquable et confirme les vues de mon maître
M. de Lacaze-Duthiers, qui a étudié si bien ces organes chez les Mollusques. Enfin à l'intérieur de la poche se trouve un amas de concrétions, qui ont la forme de disques plus ou moins irréguliers. Ce sont
les otolithes (o), qui se présentent dans des positions très différentes.
Tantôt ils sont groupés vers la base du pédoncule, tantôt ils forment
un amas sur un des côtés de la poche, et d'autres fois ils sont situés
tout autour du centre, en contact avec la paroi de l'organe, laissant
çà et là, à l'intérieur, un ou deux de ces corps. Mais tous ces grou-
pements sont le résultat de la compression, car les mouvements
des cils vibratiles tendent à les éloigner le plus possible de la paroi.
La cavité centrale de l'otocyste se prolonge assez loin dans le pédoncule. Les concrétions n'ont pas donné d'effervescence avec l'acide
azotique et même ne se sont pas dissoutes. Il y a sans doute beaucoup d'études à faire sur ces organes mentionnés en passant.

ARTICLE II. — ORGANES DE L'EXCRÉTION ET DE LA REPRODUCTION.

C'est dans cet article qu'il faut étudier les organes segmentaires.
Car, d'après ce qui a été dit dans l'historique, M. Williams admet
que ce sont ces organes qui produisent les œufs ou les cellules spermatiques, et que ce sont eux également qui évacuent au dehors ces
mêmes produits. Puisque le mot de *segmentaire* est admis dans la
science, il faut le conserver, seulement en lui donnant une signifi-
cation qui soit plus en rapport avec ses fonctions.

Les organes segmentaires sont des tubes évacuateurs des produits de la génération ou, en d'autres mots, c'est un oviducte ou un spermiducte, situé par paires, tantôt dans la plupart des anneaux du corps (Errants et quelques Sédentaires), tantôt dans un nombre limité de segments.

Chaque organe segmentaire se compose d'un pavillon cilié suivi d'un tube plus ou moins long, encore cilié, s'ouvrant en dehors par un tout petit pore.

Ce qui complique ces organes, c'est souvent la présence des espèces de poches annexées, qui ont dérouté les naturalistes.

Maintenant il reste à savoir où se trouvent les glandes mâles et femelles. Ici on peut dire comme règle générale :

Les organes de la reproduction sont voisins des organes segmentaires.

Enfin, puisque nous sommes chez les Annélides sédentaires, il faut ajouter que les poches qui se trouvent dans la région thoracique, considérées par les différents naturalistes comme les organes de la reproduction (Williams) ou comme organes segmentaires (Ehlers), sont des organes dépurateurs, ou mieux *des corps de Bojanus.* Ces faits seront mieux connus lorsque nous aurons passé en revue les différents types pris parmi les Annélides sédentaires. Nous avons donc à étudier trois choses :

a. Les corps de Bojanus ;

b. Les organes segmentaires ;

c. Les glandes génitales.

§ 1. *Corps de Bojanus.*

(Pl. XX, fig. 10-12, et pl. XXI, fig. 13-15.)

Tous les naturalistes connaissent l'histoire des *corps de Bojanus,* si bien étudiés chez les Mollusques, surtout par mon maître M. de Lacaze-Duthiers. Ce sont les reins de ces animaux, et le sang en les traversant se débarrasse en partie de son acide urique.

Je crois que ces corps rénaux existent en réalité chez les Annélides sédentaires, du moins chez quelques-uns d'entre eux.

1° *Anatomie.* — Ces corps doivent être étudiés d'abord au point de vue anatomique ; il faut les considérer quant à l'extérieur, l'intérieur, le nombre, la situation et la forme.

Nombre. Situation.—Les corps de Bojanus chez l'Arénicole sont au nombre de six paires, situées de chaque côté de la chaîne ganglionnaire, et dans la portion céphalo-thoracique des chambres latérales du corps. Sur les figures 1 et 2, pl. XIX, et sur la figure 10, pl. XX, on peut suivre et voir très bien tout ce que je vais décrire sur ces organes. Les poches sont fixées contre la paroi par leur bord externe. Elles commencent dans le troisième anneau du corps et finissent dans le huitième, auxquels correspond la troisième paire de branchies. La ligne d'insertion se trouve à une distance d'un demi-centimètre au-dessous de celle des rames supérieures des pieds, et elle est très marquée sur toute la longueur du corps.

Extérieur. Forme. — A l'extérieur, c'est leur forme et leurs rapports qu'il faut considérer. La forme des poches en question est difficile à décrire, et à la rigueur on pourrait la comparer à un croissant très ouvert. Du reste, les poches changent d'aspect avec l'état de contraction du corps.

On doit examiner leurs faces, leurs bords et leurs extrémités, mais il ne faut pas oublier que leurs rapports changent suivant qu'on considère l'animal entier ou ouvert sur le dos, comme dans les figures.

a. *Bords.* — Il y a deux bords. L'externe est concave, et c'est par lui que la poche est accolée à la paroi du corps. Le bord interne est convexe, libre et regarde la chaîne ganglionnaire.

b. *Faces.* — Les deux faces sont planes ou convexes, suivant l'attitude de l'animal. L'inférieure est constamment appliquée sur la paroi du corps. La supérieure est en rapport avec les bandelettes musculaires (*b*), qui la croisent en se portant vers la ligne de leur insertion. C'est sur cette dernière face et plus près de l'extrémité antérieure des poches que se trouvent accolés les organes segmentaires. Enfin, elle est croisée par la branche postérieure de l'artère branchiale (*s*), qui se porte dans le sillon d'insertion des corps de Bojanus.

c. *Extrémités.* — Les extrémités des poches sont intéressantes à observer, surtout pour bien se convaincre de l'apparence trompeuse dont M. Williams fut victime autrefois. L'extrémité antérieure (*a*) est toujours convexe et fermée. La postérieure (*p′*), au premier abord, semble être occupée par une glande très bosselée. Par un examen très attentif (et, si j'insiste, c'est que j'ai hésité très long-temps, et que ce n'est qu'après deux mois de dissections constantes et suivies, sur des animaux vivants ou conservés dans les acides acétique, picrique et chromique, que je suis arrivé à connaître leur véritable nature), on constate que cette extrémité n'est point glan-

dulaire, du moins dans le sens de l'auteur anglais, pas plus que le
reste de la poche. L'apparence glandulaire est due à la grande
contractilité de cette extrémité, moins colorée que le reste de l'organe, qui, étant presque toujours contractée et froissée, prend cette
apparence glandulaire. C'est sur le bord externe de l'extrémité postérieure que se trouve l'ouverture qui fait communiquer cette poche
avec l'extérieur. Sur la figure 2, pl. XIX, qui représente une coupe
faite à ce niveau, on voit la manière dont cette poche communique
avec l'extérieur, et l'ouverture ou les pores (p) se trouvent en arrière et en haut de la lèvre postérieure des rames inférieures (r')
et tout près des soies qui les garnissent (fig. 11, pl. XX).

Il y a six paires de poches et six paires de pores. C'est du troisième anneau du corps jusqu'au huitième qu'on aperçoit les pores
puisque dans cet espace sont aussi logés les organes que nous
étudions. Dans chaque anneau de la portion mentionnée du corps, le
sillon intermusculaire, sur lequel se trouvent fixées les poches, est
très profond et l'hypoderme même est plus mince dans ces points.
La poche s'insinue entre les fibres musculaires limitrophes du sillon
et s'accole à la couche circulaire. Les fibres longitudinales sont très
espacées et les fibres circulaires s'écartent seulement là où elles vont
former la rame inférieure. Le pore est presque circulaire et assez
grand pour être vu à l'œil nu, lorsqu'on est parvenu à enlever la peau.
Sur un animal vigoureux et bien vivant, on l'aperçoit avec beaucoup
de difficulté, et cela se conçoit, vu la rugosité de la peau. Or, le pore
est une ouverture ménagée entre les fibres musculaires, éléments
excessivement contractiles, et le pourtour même de l'orifice présente
un sphincter; par conséquent ce pore est presque fermé, et en
même temps plus ou moins caché par les saillies de la peau. On est
véritablement en face d'une foule d'obstacles qui empêchent de
bien voir ces pores, et voilà pourquoi ils ont été vus surtout par les
yeux de l'esprit, et quelquefois on a décrit, comme l'a fait M. Williams, un plus grand nombre d'orifices qu'il n'y en a réellement.
Voici comment je suis parvenu à voir ces pores :

1° Sur un Arénicole laissé mourant d'inanition dans son eau de
mer, par conséquent sans qu'il se contracte, j'enlevai lentement
la peau avec les pinces et sous la loupe; alors et toujours, je vis
sur six paires de pieds ces pores à la place indiquée plus haut ;

2° Sur des animaux morts récemment dans de l'eau non renou-
velée, je poussai, dans l'extrémité postérieure d'une des poches, une

injection avec de la térébenthine, et même avec de la graisse colorée en rouge, et le liquide sortit par le pore correspondant ;

3° Mettant sous le microscope une portion du pied détachée du corps
et dépourvue de la peau, j'ai pu dessiner la manière dont les fibres
musculaires sont disposées pour ménager ces pertuis. La figure 12
montre en (α) l'écartement des fibres longitudinales et la coupe de la
poche, et en (β) l'ouverture à l'extérieur. Je crois que cette démons-
tration anatomique est suffisante pour éloigner le doute sur la présence de ces pores ;

4° Enfin, je fis l'injection en sens inverse, c'est-à-dire en intro-
duisant la canule dans le pore ; alors, ouvrant l'animal, je trouvai
le liquide dans la poche correspondante.

J'ai vérifié ces faits maintes fois, et toujours je me suis convaincu
de leur réalité. Avec un peu d'habitude on est sûr de trouver les
pores, et si j'ai fait un mois d'études très attentives pour y parvenir,
il ne faut pas s'en étonner, parce que je n'avais aucun indice certain. Toutes ces détails guideront le naturaliste qui voudra vérifier
ces faits par lui-même.

Sur des animaux vivants j'ai dit qu'il est presque impossible d'injecter quoi que ce soit. Un fait, qui véritablement m'a fait admirer la
vitalité de ces animaux, pourra nous faire comprendre ces obstacles.

Toutes les fois que je fixais un animal vigoureux sur du liège dans
les cuvettes à dissection, j'étais frappé de la force avec laquelle l'a-
nimal se contractait et se tordait. Les anneaux se rapprochaient les
uns des autres, la peau devenait rude et j'avais beaucoup de difficulté
à inciser les téguments. La contraction est tellement forte, que de
grosses épingles sont tordues. Comment voir des pores dans ces conditions ; il y a plus : quand des Arénicoles étaient chauffés dans l'eau,
pour être injectés au suif, même après avoir été injectés, ils reve-
naient à eux et vivaient encore vingt-quatre heures si on les plaçait
dans de l'eau de mer froide, pour que le liquide pût se solidifier !
Ces faits se rencontrent à chaque instant, et le naturaliste ne s'é-
tonnera pas des difficultés invincibles qu'on rencontre lorsqu'on
cherche des orifices sur des animaux vivants. Les faits anatomiques
et les expériences ci-dessus indiquées éloigneront tous les doutes
sur l'existence de ces pores.

Intérieur. — A l'intérieur des poches il n'y a qu'une cavité plus large
en avant, qui diminue de plus en plus en s'approchant vers l'extrémité postérieure. Tout près de cette dernière, il y a un étrangle-

ment séparant cette extrémité du reste de la poche. De là résulte encore l'apparence d'une glande fixée sur celle-ci, comme du reste l'indique l'auteur anglais.

La cavité des poches, chez les Arénicoles, communique d'une part avec l'extérieur par le pore si longuement décrit, d'autre part avec la chambre viscérale par une ouverture située sur leur face supérieure tout près de leur extrémité antérieure, au point où l'organe segmentaire est fixé. La communication est indirecte et a lieu par l'intermédiaire de ce dernier organe annexé.

Une idée vient naturellement après cette description. Pourquoi la poche ainsi décrite ne serait-elle pas une partie de l'organe segmentaire, et pourquoi ce dernier se serait-il ajouté, ou mieux aurait-il fait un emprunt à ces poches, que je considère comme des corps de Bojanus, avec des fonctions toutes différentes ?

Rien n'est plus facile que d'expliquer ces vues. Mais plus tard, quand les Térébelles, les Ophélies, Clyménies, Pectinaires, Myxicoles, Sabelles et Chétoptères seront connus, nous verrons que les corps de Bojanus sont indépendants, sans communication avec l'intérieur, et que les organes segmentaires situés soit en arrière, soit en avant, s'ouvrent directement au dehors.

Toute la surface interne des corps de Bojanus est ciliée. Les cils très longs produisent un courant très vif, dirigé de l'extrémité antérieure vers la postérieure, par conséquent vers l'ouverture externe.

2° *Structure*. — La structure de ces corps me permet de les comparer aux corps de Bojanus des Mollusques. On doit leur considérer une paroi et un épithélium.

a. *Parois*. — Les parois sont formées de fibres musculaires très déliées et de fibres de tissu conjonctif. Les fibres musculaires abondent surtout dans l'extrémité postérieure de la poche, de sorte que, toutes les fois qu'on touche cette portion, on voit des contractions assez rapides, déterminant un resserrement considérable, par conséquent une diminution notable du volume. Ce fait nous explique les bosselures que présente la partie postérieure contractée. M. Williams, ne tenant compte que du simple aspect, a attribué une nature glanduleuse à l'extrémité postérieure de chaque poche. Bien plus, il admet un orifice au centre de cette portion qui s'ouvre dans l'organe. Bientôt je ferai la comparaison entre les données de ce savant et les miennes ; mais dès à présent je suis forcé de relever

une grande erreur, malheureusement trop souvent répétée dans les
descriptions anatomiques de ces poches chez les *Arénicoles* et les *Térébelles.* D'abord l'extrémité postérieure n'est point glandulaire, comme
il a été dit déjà, ensuite il n'y a point d'orifice de communication
avec la cavité du corps. Il est très facile du reste de s'en convaincre.
Sur des Arénicoles récemment morts (non en putréfaction) et ouverts, on voit les parties postérieures des corps de Bojanus distendues
par suite du relâchement des fibres musculaires qui les composent,
ce qui du reste a lieu dans toute l'étendue du corps. Ainsi dilatées,
elles sont transparents, et on ne voit trace d'orifice ou de glande. C'est
d'une netteté telle que l'on ne trouve aucune objection qui puisse
être soulevée et demander de nouvelles observations. Pourtant j'ai
essayé de me rendre compte sur des Arénicoles vivants, et j'injectai
dans les poches de la graisse colorée. Après beaucoup de difficultés,
je vis le liquide passer dans l'extrémité postérieure, qui se dilata. La
résistance que j'avais à vaincre était grande. C'est d'abord l'étranglement qui se trouve au point de communication de l'extrémité avec
le reste de la poche, qui s'oppose au passage de l'injection ; et,
d'autre part, la grande force contractile que cette extrémité elle-
même déploie. Alors j'imaginai un autre moyen plus facile à appliquer. J'injectai de l'air par la partie antérieure de la poche. Les
boules d'air arrivaient facilement dans la région postérieure et la di-
lataient considérablement. Alors sous la loupe je la vis gonflée, transparente, sans orifice, et tant que je n'eus percé la poche, l'air ne
sortit pas. Après ces expériences, je crois qu'il ne reste aucun doute
sur l'imperforation de cette extrémité.

   b. *Epithélium.* — L'intérieur des parois des poches est tapissé par
un épithélium stratifié, formé de cellules (*c*) sphériques pleines de
granules jaunes (fig. 14, pl. XXI). Les plus superficielles ont de longs
cils vibratiles. Il y a des cellules qui ont deux noyaux jaunes et une
foule de petites granulations pâles, douées du mouvement brownien. Les cellules les plus superficielles sont très pigmentées, et par
leur superposition elles produisent l'opacité des poches et leur coloration foncée.

   Quand on les écrase un peu, on voit les cellules épithéliales se
désagréger, et alors deux faits se produisent :

   1° Ces cellules ont des mouvements dus à leurs cils. Or, il est impossible de les confondre avec les spermatozoïdes, qui sont infini-
ment plus petits et qui se déplacent, tandis que les cellules ciliées

ont un mouvement local de bascule à droite et à gauche. Une confusion ne peut donc pas avoir lieu.

2° On voit que les parois de la poche sont excessivement vasculaires.

La figure 13, pl. XXI, qui représente une portion d'une poche vue à un grossissement de 180 diamètres, montre cette grande richesse vasculaire. Des sortes de sillons à directions variées représentent les anastomoses des vaisseaux qui serpentent dans la paroi des poches. Les îlots foncés compris entre leurs ramifications sont remplis par l'épithélium que nous étudions.

La figure 14 représente une portion de la poche grossie 580 fois et montre les vaisseaux (v) qui s'anastomosent et limitent les îlots. Les vaisseaux mêmes sont couverts par des cellules épithéliales à granules pigmentaires (e), et dans les îlots l'épithélium est plus épais. Si on se rappelle les culs-de-sac de la cavité du corps, on verra qu'il y a une ressemblance parfaite avec ces vaisseaux ainsi recouverts. Peut-être pourrais-je dire même que ces poches résultent d'un entrelacement de ces culs-de-sac sanguins, que le tout a été recouvert par une membrane et que les vides ont été remplis par de l'épithélium.

Les cellules épithéliales (c) très grosses et pigmentées sont disposées en couches, et toujours les plus superficielles sont remplacées par d'autres situées au-dessous.

Sur la figure 15, j'ai dessiné une coupe schématique qui représente bien ces faits. La peau (p), exagérée en épaisseur, est traversée par des vaisseaux (v), et entre eux se trouve l'épithélium (e), qui recouvre même un peu les vaisseaux.

Une portion de la paroi d'une poche détachée d'un animal vivant laisse voir très bien les vaisseaux; mais c'est surtout sur des fragments arrachés à des animaux conservés dans les acides acétique, picrique et même dans l'hématoxyline, qu'ils se voient avec la plus grande netteté; car le sang qu'ils renferment se coagule et on peut dessiner jusqu'à leurs derniers ramuscules. Les vaisseaux se voient aussi sur l'organe segmentaire. Je n'ai jamais réussi à les injecter, excepté sur une petite partie de ce dernier organe. Mais ceci ne serait pas une objection valable pour infirmer leur existence. Du reste, l'emploi de l'acide acétique m'a donné des faits innombrables en ce qui concerne la circulation chez les différents Annélides. Même sur les Arénicoles, avant de faire des injections, j'avais dessiné tout

l'appareil circulatoire d'après les traces laissées par le sang coagulé,
et ce n'est que plus tard que j'ai vérifié les faits.

Les vaisseaux sanguins serpentent dans les parois mêmes des
poches. Ils s'anastomosent entre eux, formant des lacis sur leurs
deux faces, et tous tirent leur origine du vaisseau sanguin qui
traverse le pavillon segmentaire et qui croise une des faces de ces
poches.

3° *Fonctions.* — Il nous reste à connaître les fonctions de ces
organes. Leur structure ressemble beaucoup à celle des corps de Bojanus des Mollusques. J'ai essayé de trouver des cristaux d'acide
urique. Or, toutes les fois que ces organes ont été traités par de l'acide
azotique et chauffés un peu, on voyait ensuite, en ajoutant dans la
liqueur de l'ammoniaque, une grande quantité de cristaux allongés
en aiguilles ou des cristaux à base rhombique. Il me semble que
tous ces faits réunis justifieront mes vues. Le sang circule abondamment dans les parois des poches ; leur aspect, je le répète, est
celui du corps de Bojanus d'un Pecten. Cet exemple a été choisi
à dessein, car chez ce Mollusque les œufs et les spermatozoïdes
s'échappent au dehors par le pore même de cet organe. Eh
bien, chez les Arénicoles les poches en question servent encore au
charriage des produits de la génération. Les œufs ou les spermatozoïdes recueillis par les organes segmentaires arrivent dans ces poches, et les courants ciliaires les entraînent au dehors. La comparaison est donc justifiée, dans les deux cas les corps de Bojanus
étant empruntés par les organes de la génération comme moyen
de transport et d'évacuation. Il ne faut voir dans cet exemple qu'un
moyen d'expliquer des faits très connus chez les Mollusques et peu
connus chez les Annélides, mais point du tout des homologies.

§ 2. *Organes segmentaires.*

(Pl. XX, fig. 10, et pl. XXI, fig. 16-21.)

Chez les Arénicoles les organes segmentaires sont au nombre de
six paires. Ils sont greffés sur la face supérieure des corps de Bojanus, tout près de leur extrémité antérieure (*o*).

On doit les considérer aux points de vue anatomique, histologique
et physiologique :

1° *Anatomie.* — L'anatomie des organes segmentaires est très facile à faire.

Extérieur. Forme. — Chaque organe segmentaire a la forme d'un cornet assez évasé. On doit lui considérer : deux faces, deux bords, une base et un sommet.

a. *Faces.* — Les deux faces sont planes, une d'elles est supérieure, l'autre est inférieure en contact avec l'extrémité antérieure de la poche (*a*).

b. *Bords.* — Un bord est antérieur et l'autre postérieur. Le premier est peu concave vers la base de l'organe, et presque rectiligne vers le sommet. Le bord postérieur est très concave.

c. *Sommet.* — Le sommet est tronqué, c'est par lui que l'organe segmentaire est fixé sur le corps de Bojanus correspondant. En même temps, par son intermédiaire, l'organe segmentaire communique avec l'intérieur de la poche ; grâce à une ouverture au point de son insertion.

d. *Base.* — La base de l'organe segmentaire représente le pavillon de l'oviducte chez les femelles ou le pavillon du spermiducte chez les mâles ; tandis que le reste de l'organe est le représentant du tube plus ou moins contourné des oviductes ou spermiductes. Un de ces tubes contournés des Lombrics, supposé raccourci de beaucoup, nous donnerait l'idée de ces organes chez l'Arénicole. Le pavillon mérite plus d'attention. Il est formé par deux lèvres, l'une inférieure et l'autre supérieure, comme les faces de l'organe. La dernière est plus longue et plus large que la première, de sorte que, pour voir l'orifice du pavillon, il faut renverser l'organe entier au dehors. Les deux lèvres sont soudées sur une petite étendue en avant et en arrière limitant une ouverture assez large. La manière dont le pavillon est disposé fait que les produits de la génération peuvent facilement y parvenir et passer à l'intérieur de l'organe segmentaire.

α. *Lèvre supérieure.* — Cette lèvre est formée par une large bande traversée par la branche postérieure (*s*) de l'artère branchiale (*ab*). Sur elle se trouvent arrangées des espèces de cornets qui diminuent de grandeur à mesure qu'ils approchent du bord postérieur de l'organe. Chacun d'eux présente une concavité qui regarde le dos d'un autre cornet situé en avant, s'imbriquant ainsi les uns sur les autres. Leurs bords et toute leur concavité sont ciliés. Vers le bord postérieur de la lèvre, les cornets sont dirigés en sens inverse : ainsi, tandis que jusqu'ici leur dos regarde en avant et leur concavité en arrière, à cette

extrémité, c'est en arrière que se trouve leur dos et leur concavité
en avant (c), fig. 16, pl. XXI. L'aspect change suivant qu'on regarde ce
feston du côté de l'ouverture du pavillon ou par la face opposée,
fig. 17. Dans le premier cas on voit des espèces d'éperons à la base
des cornets, ce qui leur donne l'air d'être à cheval sur l'artère segmentaire, et rien de semblable dans le dernier.

Enfin, quelquefois les cornets sont remplacés par des espèces de
houppes à deux, trois, quatre ou cinq branches (c), fig. 18. L'aspect
est alors bien différent, et chez l'*Ophelia bicornis* on trouve aussi de
semblables variations.

β. *Lèvre inférieure.* — L'autre lèvre, bien plus petite (*l*), fig. 16, a
la forme d'une lame à bord plus ou moins festonné et rabattue en
bas. Les bords et toute la surface de cette lèvre sont ciliés. L'aspect
de cette partie du pavillon est bien plus simple que celui de la lèvre
supérieure.

Intérieur. — J'ai dessiné schématiquement une coupe passant par
le milieu de l'organe segmentaire, fig. 10, pl. XX. On voit qu'à l'orifice du pavillon fait suite une vaste cavité formée par le tube de l'organe, se rétrécissant au fur et à mesure qu'elle s'approche du sommet.
Là se trouve un autre orifice débouchant dans la cavité du corps de
Bojanus correspondant. Dans tout son trajet le canal est extrêmement
cilié et le courant vibratile est dirigé du côté du pavillon vers l'orifice du sommet.

2° *Structure.* — Le tissu qui compose l'ensemble de l'organe segmentaire est d'une transparence parfaite. On dirait un tissu amorphe.
Pourtant les parois sont formées de rares fibres très délicates de
tissu musculaire, mélangées de tissu conjonctif ayant un réseau
très riche de vaisseaux.

L'intérieur du goulot et la face des lèvres regardant l'ouverture du
pavillon sont tapissés d'un épithélium pavimenteux ciliaire.

Épithélium. — Les cellules épithéliales sont de différente nature.
Celles qui tapissent l'intérieur de l'organe segmentaire et la lèvre
inférieure sont allongées et hexagonales, fig. 20. En général elles
ont des granulations très fines, jaunâtres, logées immédiatement
sous la paroi de la cellule. Enfin leur surface est couverte de cils
courts et très vifs. Sous le microscope le mouvement ondulatoire
des cils donne l'apparence de ce phénomène dont tout campa-
gnard est témoin lorsqu'il regarde de loin l'herbe onduler sous
la brise. C'est quelque chose de lent et de doux que le pinceau de

l'artiste ne pourra jamais imiter, et la plume du poète jamais décrire. C'est plus subtil que toute imagination humaine. Sur les bords de la lèvre inférieure se trouve un épithélium cylindrique, et les noyaux, situés au centre de chaque cellule, sont dirigés sur une même ligne, fig. 21.

L'épithélium qui tapisse les franges dont la lèvre supérieure est garnie se présente avec un aspect tout différent. Les cellules paraissent être sphériques et toujours pigmentées et ciliées, fig. 19. Chaque cornet offre deux lèvres festonnées. Si on soumet une d'elles au microscope, on constate que le sang circule entre les deux feuilles qui la composent, et que sur leurs bords sont des cellules sphériques. Si on varie les oculaires de manière à voir la surface des franges, on constate tout de suite qu'elle est recouverte par un épithélium pavimenteux hexagonal cilié, fig. 20. L'aspect est par conséquent pareil à celui de la surface interne du tube et à celle de la lèvre inférieure. Du moment que le sang circule largement à l'intérieur des cornets qui la garnissent, on conçoit facilement pourquoi la lèvre supérieure est rouge.

Vaisseaux. — Il nous reste maintenant à connaître les vaisseaux qui serpentent dans l'organe et qui en font partie intégrante. D'abord il y en a un pour la lèvre : vaisseau segmentaire (s). Celui-ci, par son bord externe, émet des rameaux plus ou moins gros, lesquels se ramifient et s'anastomosent entre eux sur toute la surface de l'organe. Ces vaisseaux arrivent au corps de Bojanus et se répandent sur leurs parois. La branche qui longe le bord antérieur de l'organe segmentaire se distribue à l'extrémité antérieure du corps de Bojanus. Pour la partie moyenne, les vaisseaux sanguins y naissent d'une branche détachée du vaisseau segmentaire, lorsqu'il croise cette poche ; enfin, l'extrémité postérieure est nourrie encore par plusieurs autres petites branches qui naissent du vaisseau segmentaire avant qu'il pénètre dans le sillon d'insertion indiqué. En somme, la même artère fournit les vaisseaux de l'organe segmentaire et du corps de Bojanus.

Faisant une comparaison entre les branches postérieures des artères branchiales au niveau des corps de Bojanus et celles situées au-delà des poches, nous ne trouvons aucune différence, aucune déviation de la règle générale qui prédomine dans l'organisation entière de l'appareil circulatoire. Le sang afflue en grande quantité dans la lèvre à franges, et ceci était nécessaire, vu la grande activité des cils qui maintiennent un aussi fort courant à leur surface. Ensuite, pour que le sang affluàt assez facilement dans le corps de Bojanus, afin d'y subir la dépuration, il était nécessaire que le nombre des branches de distribution fût augmenté ; ce qui facilite mieux encore l'accomplissement de leurs fonctions.

Une foule de vraies conséquences résultent de cette disposition anatomo-histologique ; elles peuvent être résumées ainsi :

1° L'existence des corps de Bojanus sur le trajet des artères branchiales ne change en rien le mode de distribution de ces dernières ;

2° Etant ainsi placés, les organes de Bojanus reçoivent le sang facilement et abondamment ;

3° Les organes segmentaires, par suite du voisinage des vaisseaux sanguins, sont assurés du fluide nécessaire au maintien de leur bon fonctionnement ;

4° L'ouverture du pavillon est toujours béante, grâce à la disposition des lèvres, qui sont toujours maintenues écartées et allongées par le vaisseau qui traverse la base de la lèvre supérieure et par conséquent de cette disposition résulte une sûreté dans l'accomplissement de leurs fonctions.

En résumant bien tous ces caractères, on voit avec la dernière netteté ces phénomènes d'adaptation, ou d'emprunt, que M. Milne-Edwards a si bien fait ressortir des études de chaque organe dans la série des animaux.

Chez les Annélides les faits se combinent de façon telle, que le plan ne changeant en rien, les fonctions si importantes de tant d'organes sont néanmoins parfaitement assurées.

3° *Fonctions.* — Il nous reste à étudier ces organes au point de vue physiologique. Comme il a été dit précédemment, les organes segmentaires servent à l'évacuation des produits de la génération. Il m'est arrivé souvent de percer un corps de Bojanus, et d'en voir sortir quelques œufs très mûrs. J'ai vu aussi des Térébelles, des Hermelles pondre, et les œufs sortaient par les pores que j'indiquerai bientôt et qui correspondent aux organes segmentaires. Si l'on parvient à dégager un de ces corps des fibres musculaires qui le recouvrent, on verra, sous la loupe, les œufs, appelés par le courant ciliaire du pavillon vers son ouverture, pénétrer et se diriger vers le sommet de l'organe. Bien plus encore. J'ai trouvé un parasite qui me paraît être un distome à crochets. Je l'ai toujours vu enkysté dans les muscles de la paroi du corps. Or, à un moment donné, ces kystes entourés d'une matière jaunâtre arrivent dans la cavité du corps de l'animal. La plupart de ces kystes se réunissant sont entraînés vers le pavillon d'un des organes segmentaires. Là, comme l'amas est bien plus volumineux que la lumière de l'orifice, par suite de cet appel continu des cils, il commence à s'effiler et passer peu à peu à l'intérieur de l'organe segmentaire. Au mois de mai, on est sûr de trouver ces parasites dans presque tous les Arénicoles et de les voir s'échapper au dehors en parcourant ces organes : c'est encore un moyen de se convaincre de leur nature et de leurs fonctions.

Les œufs ou les spermatozoïdes sont chassés d'un anneau à l'autre du corps, à chaque mouvement vermiculaire de l'animal. Si, dans ce ballottement, ils tombent dans les gouttières que présentent les pavillons des organes segmentaires, ils arriveront à leurs orifices, les traverseront et très rapidement seront dirigés vers les sommets. Là, ils stationnent quelque temps, jusqu'à ce que le courant ciliaire les entraîne dans les corps de Bojanus. Une fois dans ces poches, les produits introduits se dirigent vers leur partie postérieure, franchissent les étranglements et arrivent dans leurs extrémités contractiles. Là, grâce à cette disposition anatomique, les œufs ou les spermatozoïdes sont chassés au dehors par les pores indiqués [1].

Avant de finir ce paragraphe, je ne puis m'empêcher d'ajouter une remarque sur des faits inexplicables.

Pourquoi l'animal ne pond-il pas toujours, du moment que cette ponte se fait si mécaniquement, et que les organes évacuateurs sont ainsi béants et toujours aptes à conduire ces produits au dehors ?

En effet, les œufs ou les spermatozoïdes, quand ils se détachent de l'ovaire ou du testicule, sont très jeunes. Ils passent quelque temps dans la cavité du corps, mûrissent et plus tard sont évacués au dehors. Voilà un fait que je ne puis expliquer encore. Faut-il invoquer quelque chose de sympathique pour les produits mûrs ? Il y a encore là un mystère devant lequel on est impuissant.

Enfin, malgré mes recherches, je n'ai pu voir les conditions biologiques nécessaires au développement des œufs. Où pondent les Arénicoles et comment se fait la fécondation ? Seul, M. Max. Schultze a vu les embryons [2]. Les logements de ces animaux communiquent les uns avec les autres, et par conséquent les œufs pondus pourront

[1] Voir plus haut et fig. 11, pl. XX.
[2] *Abhandl. der naturforsch. Gesellsch. zu Halle*, t. V, p. 213, pl. IX.

être fécondés par les spermatozoïdes qui nagent dans l'eau des loges. Peut-être, à la suite de recherches continues sur ces animaux, pourra-t-on voir un jour quelque chose qui nous éclairera.

§ 3. *Ovaire et testicule.*

(Pl. XX, Fig. 24-26, et pl. XXI, fig. 22-25.)

Aucun auteur n'a pas encore décrit les organes de la reproduction tels qu'ils doivent l'être. Chez les animaux qui nous occupent, on se souvient[1] que tous les auteurs placent les glandes génitales dans les poches latérales de la cavité du corps. Nous avons étudié assez longuement la nature de ces poches pour ne plus y revenir.

J'ai longtemps cherché les ovaires et les testicules, et le 16 juin 1878, en détachant un morceau des corps de Bojanus pour en dessiner la structure à la chambre claire, j'ai vu un morceau d'ovaire. Immédiatement, reprenant l'examen de chaque portion des poches et des organes segmentaires, j'ai vu avec la dernière netteté ce que je cherchais.

Cette découverte fut faite d'abord sur les Arénicoles, ensuite chez les autres Annélides sédentaires, et les glandes affectent dans chaque espèce une position constante.

Avant d'entrer dans la description des glandes, on peut dire que :

« L'ovaire ou le testicule occupent la même place ; qu'il suffit d'avoir étudié l'un pour connaître l'autre, avec cette différence que chez l'un on trouve des œufs, chez l'autre des cellules mères des spermatozoïdes. »

1° *Anatomie.* — Les ovaires ou les testicules chez les Arénicoles sont au nombre de six paires, comme les organes segmentaires. Ils sont voisins de ces derniers. Il suffit de bien dégager un de ces organes, ensuite de suivre la branche postérieure de l'artère branchiale au-delà du pavillon de l'organe segmentaire, là où elle croise le corps de Bojanus correspondant, pour voir, soit l'ovaire (*ov*), soit le testicule (suivant les sexes), attaché à cette branche.

Si, avec beaucoup de précaution, on détache cette portion du vaisseau avec les organes qui l'entourent et qu'on la place sur le

---

[1] Voir Introduction.

porte-objet d'un microscope, immédiatement on reconnaîtra la nature des organes de la reproduction.

C'est une glande en grappe, allongée, bosselée, mesurant la longueur du vaisseau, qui s'étend depuis le pavillon jusqu'au sillon d'insertion de la poche (fig. 22, pl. XXI).

Le vaisseau se voit au milieu de la glande et çà et là donne des rameaux à droite et à gauche pour la portion postérieure du corps de Bojanus.

2° *Structure.* — Au microscope chaque bosselure en cul-de-sac est formée d'une mince pellicule et en dedans se trouve un amas de cellules, qui sont les œufs à différents degrés de développement. A la base du cul-de-sac, c'est-à-dire tout près du vaisseau, on voit un amas blanc dans lequel on ne peut rien distinguer qui caractérise un ovaire ou un testicule. Mais plus on se rapproche des bords de la glande, plus les éléments reproducteurs se reconnaissent.

Ovaire. — Si c'est un ovaire, les cellules ont un contenu pâle avec un nucléole. Celles qui vont se détacher de la glande ont tout autour du nucléole un petit nuage de granulations limitant une toute petite aréole. Alors on distingue bien le vitellus qui commence à devenir granuleux, la vésicule germinative ou le corpuscule de Purckinge sous forme d'aréole, et la tache germinative ou le corpuscule de Wagner, qui paraît être formé par le noyau primitif de la cellule.

D'après ces observations, c'est la tache germinative qui paraît la première et ensuite la vésicule germinative. Lorsque les Arénicoles sont bourrés d'œufs, on peut voir, à côté des œufs mûrs, d'autres très jeunes. Or, parmi ceux-ci il y en a qui sont très blancs avec un nucléole, d'autres avec le commencement de la vésicule germinative, d'autres ayant le vitellus encore plus foncé ; enfin, les œufs complets ayant une membrane vitelline mince, un vitellus gris très granuleux, une vésicule germinative très large, au centre de laquelle se trouve la tache germinative très pâle.

Dans la cavité du corps des animaux, à l'époque de la ponte, on trouve à côté des œufs une grande quantité de ces cellules à granulations graisseuses qui tapissent les vaisseaux sanguins.

Testicule. — Si c'est un testicule, ce n'est encore que sur les bords des glandes en cul-de-sac qu'on peut en voir les éléments. La figure 23, (pl. XXI) représente une portion de cette glande grossie deux cent soixante fois. Les cellules bien plus grandes que celles de la glande ovarienne ont un contenu pâle. Plus près des bords, le contenu de

chaque cellule est plus ou moins framboisé, comme s'il s'était seg-
menté. En effet, c'est une véritable segmentation, et chaque cellule
ainsi née sera un spermatozoïde, car les cellules mères se détachent
entièrement de la glande, et tombent dans la cavité générale du
corps. Arrivées là, les cellules mûrissent, leur paroi se dissout, laissant le contenu framboisé flotter dans le fluide cavitaire. Bientôt on
voit au microscope un petit pédoncule faire saillie hors de chaque
cellule (fig. 26) : ce sont les queues des futurs spermatozoïdes. Ceux-
ci, en effet, ne tardent pas à se désagréger et se présentent avec
une tête grosse, pointue, une queue très courte et mince. Pour les
voir il faut employer un très fort grossissement.

Tous ces faits anatomo-histologiques ne laissent aucun doute sur la
nature, le lieu et le nombre des ovaires ou des testicules. On conçoit
également aussi pourquoi la cavité du corps est remplie, suivant les
sexes, par les œufs ou les spermatozoïdes. Ces produits se détachent
des glandes étudiées ; et tombent dans la cavité du corps ; de là, à un
moment donné, ils sont entraînés vers les orifices des organes segmentaires, et enfin ils sont évacués au dehors.

La quantité d'œufs et de spermatozoïdes pondus par un Annélide
en une année est énorme. Cela se conçoit, vu que la fécondation
est confiée plus ou moins au hasard.

Pour l'étude des glandes génitales, on peut choisir l'hiver et le
printemps. Pendant ce temps elles se préparent à la production des
œufs ou des cellules spermatiques, et enfin la ponte a lieu dans la
belle saison. On peut suivre ainsi les phases de l'évolution de ces
produits. Les glandes sont petites ; à peine voit-on, dans la mauvaise
saison, quelques bosselures à leur surface. Ces renflements grossis-
sent au fur et à mesure qu'augmente la masse protoplasmique qui
les compose et qui plus tard se résout en autant de cellules qu'il y
aura d'œufs. Au commencement du printemps, la glande est assez
apparente, ressemblant à une grappe de raisin. A son intérieur,
on aperçoit bientôt une foule de tout petits noyaux jouant le
rôle d'autant de centres d'attraction de la masse protoplasmique, et
de toutes petites cellules se dessinent. Ce sont les futurs œufs, ayant
déjà au centre leurs taches germinatives et qui ne tarderont pas à se
compléter. Les produits femelles arrivés à cet état de développement,
sont dessinés dans la figure 23, pl. XXI, qui représente un des
culs-de-sac de l'ovaire, grossi à 580 diamètres. On voit une foule
de cellules transparentes, à noyau central, et plus ou moins compri-

mées. Celles qui sont à la périphérie commencent à montrer leur vésicule germinative, et leur vitellus présente alors quelques granulations.

Ces faits, qui se rapportent à l'ovaire, peuvent s'appliquer aussi au testicule. Celui-ci se présente avec les mêmes formes, seulement les cellules qui naissent de sa substance protoplasmique subissent à leur tour une segmentation de leur contenu, et chacune des petites cellules nées ainsi sera plus tard un spermatozoïde.

§ 4. *Comparaison entre les faits exposés ci-dessus touchant les organes segmentaires et les descriptions de M. Williams* [1].

M. Williams donne une description anatomique toute différente de la mienne sur les organes étudiés. La figure ci-jointe représente une de ces poches, considérées par l'auteur comme les organes segmentaires.

Pour lui, chacune d'elles se compose de deux branches (A, B), s'ouvrant au dehors. L'intérieur de la poche (c) est cilié. La branche d'entrée (*ingoing limb*) (A) présente un renflement glandulaire à perforation centrale qui arrive jusque dans le tube. Il ajoute que la nature et le rôle de cette glande sont très remarquables, pourtant il ne dit nulle part exactement quel est ce rôle. Ensuite, sur la branche de sortie (B) (*outgoing limb*), il y a un processus n (N) qui fait communiquer la chambre périviscérale avec elle. Enfin, sur le côté de l'organe, il y a une mince membrane excessivement vasculaire, traversée par une artère (G) à long cæcum (E). Tel est l'ensemble de l'organe segmentaire. Quant aux fonctions qu'il leur attribue, on trouve encore des interprétations peu admissibles. Ainsi, à l'intérieur de la poche, il décrit un courant continu d'eau de mer qui entre par la branche (A) et sort par (B). Les œufs chez

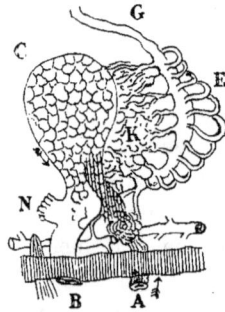
Fig. 1.

les femelles (♀), les spermatozoïdes chez les mâles (♂), naissent sur la paroi de la poche (c), au point où se trouve accolée la mince membrane

[1] *Philosoph. Transact.*, 1857.

4

vasculaire (K), où par conséquent le sang.afflue en grande quantité et apporte les principes nécessaires à la formation de ces produits. Ces œufs, tombés à l'intérieur de la poche, sont entraînés par le courant d'eau vers l'ouverture du B. Mais, arrivant au niveau du processus (N), ces produits ne sont plus entraînés au dehors, mais pénètrent dans la cavité du corps. Or, pour expliquer ce phénomène, l'auteur dit qu'il faut admettre en cet endroit un sphincter pouvant faire le choix entre les œufs mûrs ou non. Enfin, les produits tombés dans la chambre viscérale sont repris par ces organes segmentaires et évacués au dehors. Le procédé, dit-il, est encore inconnu.

En jetant un coup d'œil sur mes planches, on verra que l'organe segmentaire correspond à cette membrane mince (K), et la glande qu'il indique sur sa branche A n'est autre chose que l'extrémité postérieure du corps de Bojanus contracté. Cette comparaison est ajoutée ici, pour faire voir que l'ensemble de ses descriptions sur les organes segmentaires se rapproche de la vérité, seulement M. Williams n'a pas assez cherché la nature de chacune de ces parties.

Enfin, pour en finir avec les Arénicoles, je noterai que dans les muscles de la tête et du corps se trouvent enkystées deux espèces d'Helminthes. Je n'ai pas eu le temps de les étudier, cela du moins pourra-t-il servir de guide aux helminthologistes? Sur les branchies de l'Arénicole il y a un vorticelle à queue articulée.

CHAPITRE II.

FAMILLE DES TÉRÉBELLES.

Parmi les genres qui composent cette famille j'ai choisi deux types assez communs sur les plages de Roscoff, lesquels font partie de l'ordre des Térébelliens à trois paires de branchies. Le genre est *Terebella*, les espèces *Terebella gigantea* et *Terebella conchylega*.

Il est utile de donner les descriptions de ces deux espèces séparément, la méthode suivie sera la même que pour les Arénicoles. C'est à-dire qu'avant de décrire les organes de la reproduction nous examinerons l'ensemble de l'animal.

A. TEREBELLA GIGANTEA.

Cette espèce, assez abondante sur la plage de Penpoull (près Roscoff), est de taille remarquable.

ARTICLE 1. — DE L'ANIMAL.

Sur l'organisation du *Terebella* il y a peu de chose à signaler. Quelques mots seulement sur l'intérieur du corps et sur la circulation ; le reste étant assez bien connu pour ne pas nous arrêter davantage.

§1. *Corps.*

Le corps doit être considéré autant à l'extérieur qu'à l'intérieur. La forme de l'animal et ses particularités externes sont connues ; il présente trois régions bien distinctes, et sur la portion céphalique se trouvent les trois paires de branchies, grandes et arborescentes. Lorsqu'elles sont pleines de sang, elles sont d'un rouge vif qui contraste avec la couleur rouge-brique du corps tout entier. Enfin, sur la lèvre supérieure de la bouche il y a ces longs tentacules excessivement contractiles, qui donnent tant de grâce à ces animaux. Les pieds sont biramés et sétigères.

Intérieur. — Nous ferons quelques remarques sur la forme de la chambre viscérale. Ici, comme chez les Arénicoles, il y a des diaphragmes et des bandes musculaires, mais avec des dispositions un peu différentes, comme on le voit sur les figures 1, 2 et 3 (pl. XXII).

a. *Diaphragme.* — La cavité du corps est séparée par un diaphragme (*d*) en deux compartiments inégaux, au niveau du commencement de la région thoracique. Celui-ci est très musculeux, fixé tout autour de la cavité du corps, laissant passer à son centre l'œsophage et au-dessus le cœur branchial (*c*). La figure 3 montre la manière dont ses fibres musculaires sont distribuées, toutes viennent s'épanouir à la surface de l'œsophage, après s'être entre-croisées sur la ligne médiane, celle du côté droit avec celle du côté gauche. Enfin on aperçoit encore deux paires de trous de largeur inégale (*c'*) plus ou moins oblongs, auxquels correspondent autant de culs-de-sac qui font partie intégrante du diaphragme. Ceux qui sont à droite de l'œsophage sont très volumineux par rapport à ceux du côté gauche. Il est difficile de concevoir leur rôle. Pour bien voir cette disposition, il faut ouvrir des Térébelles conservées pendant cinq jours dans l'acide acétique ou chromique étendu.

b. *Bandes musculaires*. — La cavité du corps proprement dite est encore divisée en trois compartiments, dont un médian, plus grand, renfermant le tube digestif et l'appareil circulatoire, et deux autres latéraux, plus petits, pour les organes de la reproduction. Or, ces derniers diminuent de largeur, au fur et à mesure qu'on s'approche de l'extrémité postérieure du corps, et leur séparation de la cavité centrale est faite par des bandes musculaires obliques (*b*, fig. 2). Celles-ci naissent de chaque côté de la ligne médiane et inférieure et se portent en haut vers la base des pieds, laissant entre elles des espaces libres permettant des communications entre les chambres. Il y a quelque chose de différent avec ce que nous avons vu chez les Arénicoles au point de vue de l'insertion des bandes. La figure 2, qui représente une coupe faite dans la région thoracique sur une Térébelle durcie et vue à un grossissement de 350 diamètres, montre deux couches de fibres musculaires : une interne, à fibres longitudinales, disposées par gros faisceaux (*f*) parallèlement accolés les uns aux autres; l'autre externe, à fibres circulaires (*f'*), et ensuite vient la peau (*h*), ayant un derme très épais et un épiderme assez mince. Vers la partie inférieure du corps semble s'être produit un certain écartement dans la couche à fibres circulaires, duquel résultent les deux grandes cavités latérales mentionnées. Or, ceci est si vraisemblable, que sur la coupe on voit parfaitement bien comment les fibres des bandes (*b*) se continuent sans interruption dans la couche musculaire externe du corps. Elles tendent à se mêler entre elles sur la ligne médiane inférieure, c'est pourquoi elles plongent en bas, tandis que les fibres du corps, au contraire, tendent à s'éloigner et, s'entre-croisant avec les premières, remontent et limitent ainsi une petite cavité centrale et inférieure remplie par la chaîne ganglionnaire du système nerveux (*n*). De sorte que dans cet endroit les fibres des bandes du côté gauche passent au-dessous de la chaîne nerveuse pour se continuer du côté droit dans la paroi du corps, tandis que les fibres de cette dernière (toujours du côté gauche) passent au-dessus de la chaîne nerveuse pour se continuer dans les bandes du côté droit. On aurait trouvé la même disposition en commençant par le côté droit pour finir par le côté gauche. Il n'y a plus de ces bandes musculaires au-delà du diaphragme, comme chez les Arénicoles.

§ 2. *Organes de la nutrition.*

Nous devons revoir un peu la circulation, qui, chez la *Terebella nebulosa*, est assez bien décrite par M. Milne-Edwards[1]. L'espèce que nous étudions, présentant quelque chose de différent, je crois bien faire de m'y arrêter un peu, surtout sur la partie centrale de l'appareil.

Partie centrale. — Elle se compose :

1° D'un cœur branchial ;

2° D'un vaisseau sus-intestinal ;

3° D'un vaisseau sous-intestinal ;

4° D'un vaisseau ventral ;

5° D'une paire de vaisseaux latéraux.

Il n'y a rien à dire sur le cœur et le vaisseau sus-intestinal après les descriptions de M. Milne-Edwards. Le vaisseau sous-intestinal est unique à l'extrémité antérieure de l'estomac (*v″*, fig. 4, pl. XXI), mais bientôt il se bifurque et se continue jusque près de l'extrémité caudale, où de nouveau il se réduit à un seul canal. Même sans injection, on peut voir ces faits sur des Térébelles conservées pendant vingt-quatre heures dans de l'acide acétique étendu. Le sang se coagule, devient brun-noir, et les vaisseaux ainsi colorés peuvent être suivis avec facilité. Le cœur naît à l'extrémité postérieure de l'œsophage par l'intermédiaire d'un cercle vasculaire venant du vaisseau sous-intestinal. Nous verrons bientôt quel est le rapport de ce dernier avec les vaisseaux latéraux. Le vaisseau ventral naît par deux veines : *veines branchiales* (*v*), qu'on voit sur la figure 3 (pl. XXII), traversant en bas le diaphragme musculaire (*d*). De là le vaisseau médian et unique longe tout le corps immédiatement au-dessus de la chaîne nerveuse. Il donne dans tout son trajet des artères qui se portent dans les cavités latérales du corps, longent les parois de l'animal et fournissent le sang à ces parties, de même qu'aux organes de Bojanus qui se trouvent dans ces cavités. Vers la partie antérieure du corps, dans la portion thoracique les artères envoyées par le vaisseau ventral sont assez volumineuses (*a*, fig. 10, pl. XXIII). Elles serpentent tout près de l'insertion des corps de Bojanus et à leur tour envoient de petits ramuscules qui se dirigent vers la ligne médiane, s'anastomosent entre eux, formant un lacis vasculaire au milieu

[1] *Loc. cit.*

duquel se trouve un amas glandulaire jaune-orangé (*g*). Enfin, le vaisseau ventral envoie dans chaque anneau une paire de petites artérioles qui le mettent en relation avec les vaisseaux latéraux (*v'''*).

Les *vaisseaux latéraux* ne sont pas mentionnés chez l'espèce de M. Milne-Edwards ou du moins il dit que le vaisseau ventral, après avoir fourni les artérioles pariétales, envoie des artères qui remontent vers le dos et débouchent dans le lacis vasculaire dont les parois de l'intestin sont garnies. Chez la nôtre, on trouve deux vaisseaux latéraux réunis d'une façon remarquable. Du vaisseau latéral droit, je suppose, part une artériole qui remonte vers le tube digestif (*b*, fig. 5, pl. XXII), contourne cet organe et, arrivant vers le vaisseau dorsal, se courbe de nouveau et descend, s'accolant cette fois-ci à la paroi du tube digestif. Enfin, cette branche descendante débouche dans le vaisseau sous-intestinal correspondant (*v''*). Entre ces deux artérioles qui contournent ainsi l'estomac et, plus en arrière, l'intestin, se trouve une mince membrane qui les réunit en affectant la forme de cornets (*r*). Dans l'épaisseur de celle-ci se trouvent une foule de petits vaisseaux qui s'anastomosent dans tous les sens et offrent l'aspect d'un réseau vasculaire des plus riches. Lorsque ces cornets vasculaires sont appliqués étroitement sur le tube digestif, comme cela arrive lorsqu'on a affaire à une Térébelle vivante, ils sont alors imperceptibles, et au contraire il semble que ce sont les parois mêmes du tube digestif qui sont sillonnées par ces lacis, comme on le voit chez les Arénicoles. Il n'en est rien pourtant, et sur des Térébelles presque mortes on les voit disposés par paire dans chaque anneau et dans presque toute la longueur du corps. Ils existent non seulement chez la *Terebella gigantea*, mais aussi chez la *T. conchylega*.

La manière dont le sang circule dans ces cornets est assez remarquable. De la branche ascendante naissent perpendiculairement petits rameaux sanguins qui se bifurquent bientôt et s'anastomosent de différentes sortes, comme on le voit sur la figure 6 (pl. XXII). De ce réseau sanguin ainsi étalé dans l'épaisseur de la mince membrane qui forme le cornet, naissent de nouveau de petits canaux, qui débouchent perpendiculairement dans la branche descendante, de sorte que le sang qui monte d'un côté passe de l'autre et se rend vers le vaisseau sous-intestinal. Les vaisseaux latéraux communiquent également avec le vaisseau ventral et ils donnent l'aspect représenté sur la figure 1 de la même planche. Enfin, les vaisseaux qui nous occupent se réunissent dans la portion thoracique en un seul tronc (*t* qui s'applique contre le vaisseau ventral. Mais, de distance en distance, ce vaisseau se transforme en un réseau sanguin sous forme d'une large expansion transparente comme on en voit une dessinée sur la figure 10, pl. XXIII. C'est de ce tronc que naissent les artères qui vont aux organes segmentaires, et qui seront étudiées en même temps que ces derniers. Enfin, tout à fait à la partie antérieure du corps, au niveau du diaphragme, il se résout en deux artérioles qui vont aux organes segmentaires de la deuxième paire. Comme on le voit, ces faits méritaient d'être signalés.

ARTICLE 2. — ORGANES DE L'EXCRÉTION ET DE LA REPRODUCTION.

Chez la Térébelle gigantesque, comme chez l'Arénicole, les organes segmentaires sont annexés aux corps de Bojanus.

§ 1. *Corps de Bojanus.*

Ces organes sont en plus grand nombre chez la Térébelle que nous étudions que chez l'Arénicole, et la disposition en est différente.

1° *Anatomie.* — Ils doivent être considérés d'abord à l'extérieur, ensuite à l'intérieur.

Extérieur. Nombre. Situation. — Les corps de Bojanus sont au nombre de huit paires, dont sept dans les cavités latérales et une dans la cavité antérieure et céphalique, immédiatement avant le diaphragme (*d*, fig. 1, pl. XXII). Ils sont fixés contre la paroi du corps dans l'espace compris entre les deux mamelons sétigères des pieds (*p*), tout près de l'endroit où les bandes musculaires y plongent.

Forme. — L'aspect de chaque poche diffère de celui qu'on trouve chez les Arénicoles. Cette différence, facile à voir, consiste autant dans leur forme que dans leur coloration. Elles sont plus ou moins triangulaires : une moitié est couleur terre de Sienne très foncée et l'autre bien plus claire.

Pour bien voir les détails nous considérerons les faces et les bords.

a. *Faces.* — Les corps de Bojanus ont deux faces : l'une supérieure et l'autre inférieure, et sur chacune d'elles il y a une ligne qui, allant du sommet à la base de la poche, la partage en deux parties de couleurs différentes.

b. *Bords.* — Il y a deux bords, l'un antérieur et l'autre postérieur, la position des poches étant toute différente de celle des Arénicoles. En effet, chez ces dernières, les corps de Bojanus son

mieux fixés contre la paroi du corps et moins libres que chez les
Térébelles, chez lesquelles ils sont fixés par leur base. Parmi les
bords, l'antérieur est convexe et de ce côté la poche est plus foncée :
l'autre est concave, regarde en arrière et limite l'autre moitié, qui
est moins foncée. C'est encore sur le bord antérieur et tout près
de la base de la poche que se trouve fixé l'organe segmentaire (o,
fig. 10, pl. XXIII.)

c. *Sommet*. — Le sommet de la glande, plus ou moins pointu et
dirigé en arrière, présente le commencement du sillon indiqué,
empiétant un peu plus sur la portion moins foncée que sur l'autre.

d. *Base*. — La poche est fixée par sa base contre la paroi, et l'insertion se fait obliquement de haut en bas et d'avant en arrière (fig. 10,
pl. XXIII). Cette portion de la poche est très amincie, et vers le bord
postérieur il y a un tout petit orifice qui fait communiquer la cavité
de l'organe avec l'extérieur. Ce pore se trouve au dehors entre les
deux rames de chacune des sept premières paires de pieds (p, fig. 10,
pl. XXII).

Des préparations bien faites et que j'ai dessinées démontrent très
bien leur existence. Des portions du corps détachées, comme chez les
Arénicoles, montrent que les fibres musculaires longitudinales de
chaque côté de la chaîne nerveuse laissent entre elles un grand inter-
valle (i), là où se trouvent les mamelons sétigères. Les fibres circulaires limitent d'une part les rames inférieures par deux grosses
lèvres longitudinales (l) ; et, d'autre part, les rames supérieures, aux-
quelles elles laissent des trous ovales (o) à bords épais, et où se
meuvent les pieds sétigères. Eh bien ! c'est près de la lèvre postérieure de chaque rame inférieure que se trouvent les orifices correspondants des corps de Bojanus. Ils sont laissés entre les fibres musculaires longitudinales, entre lesquelles se prolonge le corps de
Bojanus pour mieux s'assurer un passage (p, fig. 13). Voyant la manière dont ces orifices sont ménagés, on conçoit la difficulté de les
apercevoir sur des animaux vivants.

Intérieur. — A l'intérieur les corps de Bojanus ont encore un
aspect tout différent de celui que nous avons vu chez les Arénicoles.
Au lieu d'avoir une seule cavité il y en a deux. Le sillon que nous
avons vu à l'extérieur montre l'endroit de leur séparation. Si sur des
Térébelles durcies dans l'alcool ou autres réactifs comme l'acide
chromique, on fait des coupes dans ces poches, on voit à l'œil nu la
lumière des deux cavités accolées l'une à l'autre suivant la ligne indi-

quée. Elles communiquent entre elles au sommet de la poche où manque la cloison, et la direction du courant des cils qui se trouvent à leur surface interne nous aidera à comprendre leur organisation.

2° *Structure*. — La structure des poches est la même que celles étudiées chez les Arénicoles. Seulement ici la moitié antérieure de chacune d'elles est plus foncée par suite d'une accumulation considérable de ces cellules à pigments. La couche épithéliale est épaisse dans les deux portions de la glande et le courant ciliaire dans la moitié antérieure est dirigé de la base vers le sommet et en sens inverse dans la portion postérieure moins colorée. Par conséquent, tout corps introduit dans la première partie sera entraîné vers le sommet de la glande ; là il franchira le trou de communication et sera ensuite dirigé vers la base, par conséquent vers l'orifice externe. C'est donc la route que suivent les œufs.

Les vaisseaux sanguins qui serpentent dans les parois du corps de Bojanus tirent leur origine du vaisseau segmentaire (*a'*). Ils forment un lacis très serré (*b*, fig. 14), tapissé par l'épithélium ciliaire (fig. 15). En somme, c'est toujours la même disposition ; en comparant la structure de ces corps de l'Arénicole et de la Térébelle, on ne voit que des différences d'aspect.

Je crois devoir mentionner un fait intéressant. La paire de corps de Bojanus située au-delà du diaphragme dans la cavité céphalique est dépourvue d'organes segmentaires, et, par suite, n'a pas de communication avec l'intérieur de la cavité du corps. Ceci prouve encore que ces poches ne servent point comme organes segmentaires, et les glandes génitales, n'existant pas dans cette partie du corps, les conduits évacuateurs deviennent inutiles.

3° *Fonctions*. — Les fonctions de ces poches sont les mêmes que chez les Arénicoles. Elles servent à l'épuration du sang ; elles sont par conséquent des reins ou des corps de Bojanus. Si elles donnaient naissance aux œufs ou aux spermatozoïdes, elles auraient la structure des glandes génitales. Si elles étaient des poches évacuatrices des produits de la génération, à quoi servirait la paire de ces corps situés au-devant du diaphragme, où il n'y a jamais d'œufs ni de spermatozoïdes ? Comme il a été déjà dit, les organes segmentaires font seulement un emprunt à ces poches qui les aide dans leurs fonctions évacuatrices, et *Terebella conchylega* le prouve par ses corps de Bojanus, qui n'ont point d'organe segmentaire annexé.

encore mieux que ne le fait cette paire de poches située au-delà du diaphragme chez la *Terebella gigantea.*

§ 2. *Organes segmentaires.*

Les organes segmentaires, au nombre de sept paires, sont fixés sur chacun des corps de Bojanus. La paire située au-delà du diaphragme en est dépourvue.

1° *Anatomie.* — L'étude de ces organes devient facile avec certaines précautions. L'animal étendu sur le liège d'une cuvette à dissection et sous l'eau, on l'incise, sur la ligne médiane et dorsale, depuis la tête jusqu'à la région abdominale. On écarte, à l'aide d'épingles, les lèvres de la plaie ainsi pratiquée. Ensuite, avec une seringue pleine d'eau, on lave la préparation jusqu'à ce que chaque organe interne devient visible. Alors on enlève avec beaucoup de prudence les bandelettes musculaires d'un côté de l'animal et, sous la loupe, on voit tout ce qui concerne les organes que nous allons étudier. Une préparation semblable doit être faite aussi sur un animal conservé dans de l'acide acétique par exemple ; et alors il est très facile de comparer l'une avec l'autre et de mieux voir tous les détails. La figure 10, pl. XXIII, qui représente deux de ces glandes du côté gauche, montre la première dans sa position naturelle, tandis que la dernière est renversée en dehors et laisse bien voir l'ouverture de l'organe segmentaire attaché à cette glande.

a. *Extérieur. Forme.* — Chaque organe segmentaire (*o*) a la forme d'un cornet très court, à l'ouverture duquel serait attachée une feuille plissée très longue (*l*). Pour mieux me faire comprendre, je lui décrirai un corps, un sommet et une base.

α *Corps.* — Le corps de l'organe est tout à fait semblable à celui d'un cornet qu'on fait avec le quart d'une feuille de papier.

β *Sommet.* — Le sommet du cornet perforé s'attache au bord antérieur et tout près de la base du corps de Bojanus correspondant.

γ *Base.* — La base de l'organe segmentaire est le pavillon ou la trompe qui recueille les produits de la génération pour les porter au dehors. L'ouverture, très grande, oblongue, est limitée par deux lèvres, l'une supérieure (*l*) et l'autre inférieure (*l'*). Celle-ci est mince et dépourvue de toute garniture, tandis que la première présente une conformation toute particulière. Quand le corps de Bojanus est dans sa position naturelle, on voit sur son bord antérieur une série de

panaches assez longs qui s'étendent depuis le sillon où s'arrêtent les
fibres musculaires longitudinales jusqu'à la ligne médiane sur les
côtés de la chaîne nerveuse. Ces panaches, très courts d'abord,
augmentent de longueur au fur et à mesure qu'ils se rapprochent
du corps de l'organe segmentaire, pour diminuer de nouveau de
l'autre côté. L'ensemble de ces parties, uni par une mince pellicule, prend la forme d'un voile, étendu et fait corps avec l'organe
segmentaire. Maintenant renversons celui-ci avec son pavillon en
arrière et, sous la loupe, observons mieux ce voile, ainsi que nous
l'avons fait sur la dernière glande dessinée (fig. 10, pl. XXIII). Alors
on aperçoit l'ouverture béante protégée par cette lèvre, qui est
toujours tendue pour assurer les fonctions de l'organe segmentaire. Sur le pourtour de l'orifice et, au-delà même, sur toute la longueur du bord inférieur de la lèvre, est un repli (n) formant avec
le reste du voile labial une gouttière longitudinale (fig. 14, pl. XXIII).
Ensuite, sur toute la surface de la lèvre sont des plis qui, partant
de son bord libre, descendent vers son bord fixe. A l'œil nu on les
aperçoit bien sous forme de striations qui se prolongent aussi sur
le bourrelet (u). Toute la surface des franges est ciliée, de sorte
qu'un courant très fort, déterminé par ces cils, est dirigé vers l'ouverture du pavillon.

La lèvre inférieure est bien plus simple, fait observé déjà chez
d'autres Annélides. Son bord libre est dépourvu de toute garniture, il
se présente sous la forme d'une ligne un peu courbe et lisse.

Sur des animaux conservés dans l'alcool l'aspect est tout différent,
car la plupart des cellules épithéliales se désagrègent et il ne reste
alors que la trame vasculaire qui entre dans la structure de ces
organes.

b. *Intérieur.* — A l'intérieur il n'y a qu'une cavité ciliée, qui
diminue de largeur vers le sommet. Là par l'ouverture dont le cornet est perforé, l'organe segmentaire communique avec la cavité
antérieure du corps de Bojanus correspondant.

2° *Structure.* — Sur leur structure, il n'y a rien de nouveau à
ajouter, après ce que nous avons vu chez les Arénicoles. On ne
trouve de différences que dans l'arrangement des vaisseaux sanguins et des cellules épithéliales. Le vaisseau qui fournit les artères à
ces organes arrive du tronc commun des artères latérales. Chacun
d'eux, entouré par les deux bourrelets de la lèvre supérieure (u',
fig. 14, pl. XXIII), contourne l'orifice de l'organe segmentaire, et puis,

s'accolant à la paroi du corps, se porte en avant et s'enfonce ensuite entre les fibres musculaires. Le vaisseau, dans tout son trajet, suit la lèvre supérieure du pavillon, de sorte que, étant presque toujours tendu, cette lèvre est elle-même étalée, chose importante pour les fonctions que ces organes ont à accomplir.

Au moment où le vaisseau segmentaire s'engage dans la base du voile labial, il envoie des artères en bas pour le corps de l'organe segmentaire et pour la plus grande partie du corps de Bojanus annexé. Mais il y a encore un fait remarquable à observer : de distance en distance les franges qui garnissent la lèvre supérieure du pavillon présentent des écartements dans leurs éléments, où le sang afflue. On a l'apparence d'un large vaisseau courbé, et le fluide rose monte d'un côté et descend de l'autre (fig. 17). Il y a ici une ressemblance avec ce qu'on trouve chez les Arénicoles.

Les feuilles qui ornent le bourrelet de la lèvre supérieure semblent être formées de bandes transparentes courbées sur elles-mêmes et recouvertes par un épithélium conique et cilié (fig. 18). Les autres franges et tout l'intérieur du corps de l'organe segmentaire sont tapissés par un épithélium hexagonal à cils vibratiles. Ses cellules ont des granulations pigmentaires, situées du même côté et immédiatement au-dessous de leur paroi, de sorte qu'il a un aspect particulier (fig. 19, pl. XXIII).

Le bord de la lèvre inférieure est dépourvu de toute garniture et, sous le microscope, on constate qu'elle est limitée par une rangée de cellules cylindriques à noyau central et ciliées (fig. 20). Ces faits montrent bien que le plan d'après lequel sont conformés les organes que nous étudions est partout le même. Ce qui varie chez les différents genres, c'est leur nombre et leur distribution, ce qui est en rapport du reste avec toute l'organisation de l'animal.

3° *Fonctions*. — Les fonctions des organes segmentaires ont déjà été indiquées, savoir : « ils servent à recueillir les produits de la génération qui baignent dans la cavité du corps, et ensuite les portent au dehors pour assurer la fécondation. »

Or, voyant la manière dont le pavillon de l'organe segmentaire est arrangé, on conçoit facilement comment les phénomènes se passent. D'abord l'ouverture du pavillon est toujours béante, grâce à la lèvre supérieure, qui est tendue. Ensuite la surface d'appel est très élargie par ce voile, par ces plis et par cette gouttière. Tout corps qui tombe sous ce voile est forcément attiré vers l'ouverture du pavil-

lon, et la route lui est tracée par le sillon qui borde le pourtour de
l'orifice. De toute la surface de la lèvre, les courants ciliaires conver-
gent vers l'ouverture du pavillon. Tout est disposé de la manière
la plus favorable pour l'évacuation des produits sexuels. Une fois
introduits dans l'organe segmentaire, les produits de la génération
passent dans le corps de Bojanus correspondant, de là remontent
vers le sommet de la poche, redescendent dans l'autre moitié, après
avoir franchi l'ouverture de communication connue, et ensuite sont
évacués au dehors par les pores indiqués. Ainsi s'effectue le phénomène connu sous le nom de *ponte*.

§ 3. *Ovaire et testicule.*

Les glandes génitales chez *Terebella gigantea* ont une disposition
particulière. Comme il a déjà été dit, lorsqu'on connaît l'ovaire,
le testicule est connu aussi, l'un et l'autre ayant les mêmes rapports.

Ces glandes se trouvent dans la région thoracique sur la ligne médiane et au-dessus de la chaîne nerveuse (*o'*, fig. 10, pl. XXIII). Leur
couleur est blanche, ce qui les fait reconnaître tout de suite, parce
que, tout autour et sur une surface bien plus large, il y a un amas
glandulaire d'un jaune orangé très marqué, sur le rôle duquel on
n'est pas encore suffisamment renseigné. M. Milne-Edwards et
M. Williams lui assignent une propriété sécrétoire.

1° *Glandes médianes.* — Il est facile de voir, avant que les testicules
ou les ovaires soient bien développés, les glandes médianes se tumé-
fier énormément, et de leur surface se désagréger d'innombrables
cellules un peu allongées, pleines de granulations sous forme de
nucléoles à contenu jaune. Plus ces corpuscules sont abondants, plus
la cellule est colorée. La cavité du corps est remplie de ces sortes de
produits. Bientôt viennent se mêler des œufs ou des cellules spermatiques, qui se sont détachés de leurs glandes respectives. Quand ces
derniers produits augmentent en nombre, les cellules à granulations
diminuent. On peut observer en même temps que les œufs en mûris-
sant se colorent en jaune foncé (fig. 9, pl. XXII). Seraient-ce ces cellules qui leur fournissent la coloration? Ensuite la membrane vitelline s'épaissit beaucoup.

Ces glandes sont placées entre les fibres musculaires longitudinales de la paroi du corps. A cet endroit les faisceaux s'écartent,

s'entre-croisent, limitant des îlots où les glandules d'abord très petites augmentent en longueur et en épaisseur (fig. 11, pl. XXIII).
On voit alors à leur surface des cellules à parois minces et à leur
intérieur un commencement de granulations. Bientôt la surface des
glandes, de sphérique et unie, devient bosselée, et la glande elle-
même se bifurque ou même se trifurque (fig. 20, pl. XXIV). Les granulations se multiplient et s'arrangent immédiatement contre la
paroi de chaque cellule. Mais, une fois celles-ci détachées, leurs
nucléoles se dispersent à leur intérieur dans toutes les directions
(fig. 25).

Avec ces pigments on trouve encore de toutes petites granulations
pâles à mouvement brownien.

2° *Ovaire*. — Comme il a été dit, c'est sur la ligne médiane qu'on
le trouve et dans la région thoracique ou région segmentaire. Là,
le vaisseau ventral est réuni au tronc commun des vaisseaux latéraux par de petits anneaux artériels. Eh bien, c'est tout autour
de ces vaisseaux sanguins que la glande génitale se trouve. En arrachant un de ces canaux, on enlève aussi une portion de l'ovaire.
Celui-ci consiste, à l'état jeune, en tout petits mamelons (fig. 22),
composés d'une substance blanche amorphe. A cet état on est dans
l'impossibilité de reconnaître là quelque chose de glandulaire. Mais
à côté on voit d'autres renflements plus développés dans lesquels on
distingue déjà de toutes petites cellules ayant un noyau central, ce
sont les œufs. Au fur et à mesure que les acini de la glande grossis-
sent par suite d'un accroissement de la matière protoplasmique, les
œufs premièrement nés se dessinent de mieux en mieux. Enfin, il
arrive un moment où la glande a la forme d'une grappe (fig. 21,
pl. XXIV), et un de ses renflements se montre sous le microscope avec
une mince pellicule comme paroi, à l'intérieur de laquelle il y a un
amas d'œufs. Il suffit d'un déchirement pour que ces éléments tombent dans la cavité du corps. Les œufs mûrissent; leurs vésicules
germinatives ne tardent pas à se dessiner et le vitellus commence à
se remplir de granulations. Lorsque le contenu devient très coloré,
l'œuf est mûr, et il peut dès lors être rejeté au dehors par un des organes segmentaires.

3° *Testicules*. — Les testicules ont le même mode de conformation
et de développement. La différence consiste dans la structure. Là
on trouve, à l'état mûr, des amas de cellules mères de spermatozoïdes (fig. 24); une fois celles-ci mises en liberté, elles perdent

leur paroi, laissant ainsi, encore pour quelque temps, flotter dans la chambre viscérale les spermatozoïdes réunis sous forme d'amas framboisé; bientôt la queue de ceux-ci apparaît, ils se détachent et à un grossissement de 580 diamètres laissent voir une tête assez grosse, pointue, avec une queue très courte. Ils s'agitent avec vivacité et sont toujours mêlés à des cellules pigmentaires (fig. 25, pl. XXIV).

§ 4. *Comparaison entre les organes segmentaires d'après M. Williams et d'après nos observations.*

En lisant le travail de M. Williams, on est étonné de la manière dont il décrit ces organes. En finissant cette comparaison, je résumerai les preuves qu'il invoque à l'appui de ses vues.

La figure ci-jointe représente celle qu'il donne dans son mémoire [1]. Malgré l'aspect différent que présentent ces poches chez les Térébelles et chez les Arénicoles, M. Williams les figure à peu près semblablement. Pour cet auteur, c'est toujours un tube, divisé plus profondément.

L'eau circule dans ces tubes, mais sur la branche d'entrée (A) est fixé l'organe reproducteur, voilà pourquoi dans cet endroit il y a une anse vasculaire (N') qui fournit à cette portion une grande quantité de sang. Le procédé d'évacuation est le même que celui qu'il a donné chez l'Arénicole.

Fig. 2. Organe segmentaire d'après Williams.

Or, nous avons vu ces glandes graisseuses situées de chaque côté de la chaîne nerveuse. Comme je l'ai dit: depuis Cuvier, MM. Milne-Edwards, de Quatrefages, Grüber, Stannius et autres, elles ont été considérées comme des glandes génitales. M. Williams dit que longtemps il a attribué à ces glandes les mêmes propriétés reproductrices; mais, depuis qu'il a étudié ces poches latérales, il a vu que c'est à ces dernières que doit être attribuée cette fonction.

M. Williams ne s'est point trompé sur la nature des glandes médianes, mais bien sur celle des poches latérales. Il suffit de rap-

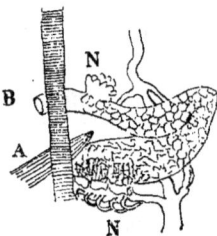

[1] *Loc. cit.*

procher la figure 10 de la planche XXIII de la figure ci-dessus pour constater cette erreur.

Voici encore ses derniers mots sur les organes segmentaires des Térébelles.

« L'auteur, dit-il, récapitulant les faits, désire démontrer que les poches latérales sont les véritables organes de la reproduction, et ses vues sont prouvées par les faits suivants :

« 1° Il y a des saisons particulières où les poches sont bourrées d'œufs chez la femelle, et de spermatozoïdes chez le mâle. Ces produits sont respectivement moins développés que ceux contenus dans la cavité générale ;

« 2° Une preuve négative, c'est l'absence de tout autre organe ayant les attributions d'un *appareil génital ;*

« 3° Enfin, une preuve sans contradiction, c'est la division de chaque poche en deux moitiés, l'une vasculaire et l'autre non, enfin la position segmentaire de l'organe. »

Il suffit de bien lire ces preuves que l'auteur apporte à l'appui de ses vues et de les comparer avec les faits résultant des descriptions données, pour voir le peu de foi qu'on doit leur accorder.

Keferstein [1] décrit aussi l'organe segmentaire des *Terebella gelatinosa* et *conchylega*. Il représente ces organes comme un tube recourbé dont une moitié est foncée et l'autre plus claire, ce qui existe en réalité. A l'extrémité de la branche foncée il indique une ouverture ciliée. Par conséquent, cet auteur décrit encore le corps de Bojanus comme organe segmentaire, tandis que ce dernier organe, qui est fixé sur la moitié foncée du corps rénal, n'a pas été vu. Ceci est important à noter, car il représente l'ouverture de l'organe segmentaire juste à l'endroit où ce dernier organe prend son insertion.

Pour en finir avec cet animal, j'appelle l'attention des helminthologistes sur un parasite qui est enkysté dans les muscles du corps. Il m'a paru être le même que celui trouvé chez l'Arénicole.

B. TEREBELLA CONCHYLEGA.

Terebella conchylega est une espèce bien plus petite que la précédente. Elle me servira à passer des deux familles étudiées à une autre famille, celle des Ophéliens.

---

[1] KEFERSTEIN, *Zeitschrif. f. wiss. Zool.*, t. XII, 1862.

Sur cette espèce, je ne m'arrêterai plus sur la disposition des organes qui est la même que celle du *Terebella gigantea*, et je passerai immédiatement à l'étude des organes segmentaires et de la reproduction.

ORGANES DE L'EXCRÉTION ET DE LA REPRODUCTION.

Ces organes ont chez l'espèce que nous étudions une disposition toute particulière, fait très remarquable, qui sera encore une preuve des plus évidentes à l'appui des vues avancées dans ce travail sur les organes de la reproduction des Annélides sédentaires. En effet, tandis que jusqu'à présent nous avons trouvé les organes segmentaires attachés aux corps de Bojanus, ici ils en sont éloignés : « donc les poches en question ne font point partie intégrante des organes segmentaires, comme on le croyait, mais sont des organes indépendants » ; et si, chez les espèces étudiées jusqu'à présent, ces deux organes paraissaient au premier coup d'œil faire un tout commun, cette espèce prouverait qu'il n'en est pas toujours ainsi.

§ 1. Corps de Bojanus.

Ces organes sont au nombre de deux paires chez cette espèce, l'une en avant du diaphragme céphalique (fig. 1, pl. XXIV) et l'autre immédiatement en arrière. Aucune de ces poches n'a d'orifice interne pour communiquer avec la cavité du corps, et elles sont tout à fait semblables à la paire de poches située au-delà du diaphragme chez *T. gigantea*. L'organisation et la structure sont absolument les mêmes que celles des corps de Bojanus de *Terebella nebulosa*, seulement leur volume est bien plus petit, la taille de l'animal étant moindre. Il n'y a donc rien à ajouter de nouveau, et les vaisseaux qui leur fournissent le sang leur arrivent du vaisseau sus-intestinal. J'ai observé un fait remarquable chez une *Terebella conchylega*. Tous ces animaux ont trois paires de branchies (*br*) céphaliques, ce nombre étant caractéristique du genre. Une fois j'en ai trouvé une qui, ayant les trois branchies du côté droit, n'avait du côté gauche qu'une toute petite branchie très grêle et à peine touffue. Or, en faisant l'incision tant de fois indiquée, j'ai constaté une paire seulement de corps de Bojanus, et cela du côté où les branchies existaient. En d'autres termes, une poche à droite en avant du diaphragme (b) et une autre en arrière. Rien de tout cela à gauche, où les branchies manquaient. Ce serait encore une preuve qu'il y a une relation entre ces poches et l'appareil de la circulation.

§ 2. *Organes segmentaires.*

Si pour les corps de Bojanus il n'y avait rien à ajouter, pour les organes segmentaires tout est à revoir, leur organisation étant différente.

1° *Anatomie.* — Sur un animal ouvert par le dos, placé dans une cuvette, on aperçoit (fig. 1, pl. XXIV), en arrière des corps de Bojanus post-diaplagmatiques (b), deux paires de corps blanchâtres boursouflés qui ne sont autre chose que les organes dont nous nous occupons en ce moment.

Extérieur. Forme. — Chaque organe a la forme d'une urne à bords très évasés. La corolle campanulée d'une fleur avec le limbe renversé en dehors (o) (fig. 3, même pl.) rappelle parfaitement cet aspect.

a. *Corps.* — Le corps de l'organe ressemble à une bourse gonflée.

b. *Sommet.* — Le sommet est représenté par le fond de la bourse un peu étiré vers le bord interne, où se trouve l'ouverture qui fait communiquer ces poches avec l'extérieur.

c. *Base.* — La base représente le pavillon de l'organe segmentaire. Il y a là une large ouverture bordée d'une lèvre plus ou moins circulaire. Sur le côté qui regarde la ligne médiane, un prolongement de la lèvre en forme de gouttière arrive au niveau de la chaîne nerveuse. Si l'on se souvient de la forme du pavillon chez les animaux étudiés, on voit toujours ce prolongement, qui n'est autre chose que le vaisseau sanguin, qui arrive à cet organe, et qui en même temps est entouré par les franges qui garnissent les lèvres, disposition qui a pour effet de tenir le pavillon tendu. La face supérieure de toute la lèvre présente des striations qui partent du bord libre en s'irradiant vers l'orifice central du pavillon. Chaque strie est due à une lame mince ciliée, disposée tout à fait comme les feuilles du chapeau chez le champignon de couche par exemple. Toute la surface du pavillon est extrêmement ciliée.

Intérieur. — L'organe est creux et toute la surface est également

ciliée. Le courant vibratile est dirigé de l'orifice du pavillon vers l'orifice du sommet de l'organe, de sorte que tout corps recueilli par le
pavillon dans la cavité viscérale est dirigé vers l'orifice de communication avec l'extérieur, après avoir franchi l'orifice central du pavillon et parcouru l'intérieur de l'organe segmentaire.

2° *Structure*. — La structure du corps même de ces organes n'a
rien de particulier. Comme toujours, c'est une membrane mince,
élastique et transparente, tapissée à l'intérieur par un épithélium
pavimenteux à cils. Dans les parois du corps se trouvent une foule de
petits rameaux vasculaires. Les bandelettes qui garnissent le pavillon de l'organe segmentaire méritent une attention particulière. Chacune d'elles à son tour n'est point simple, et si un morceau détaché est soumis à l'observation microscopique, on constate que par
le bord inférieur la lame est fixée à la paroi du pavillon. Le bord supérieur (fig. 5, pl. XXIV) présente des saillies descendant plus ou moins
profondément vers le bord fixe. Chaque saillie à un plus fort grossissement présente l'aspect d'une feuille mince couverte de tout côté
par un épithélium pavimenteux à grosses cellules granuleuses et
ciliées (fig. 6). De sorte que sur les bords on aperçoit bien le courant
ciliaire, mais pour le voir sur les surfaces il faut faire varier les
objectifs. Parmi les cellules épithéliales, il y en a une ou deux qui
ont des granulations pigmentaires jaune d'ocre.

Nous avons mentionné un prolongement de la lèvre, qui mérite
encore d'être observé de près. A un grossissement de 350 diamètres
(fig. 4, pl. XXIV), on voit d'abord un vaisseau sanguin (v'') qui, naissant
du vaisseau sus-intestinal, arrive au pavillon segmentaire. Or tout près
de celui-ci les bandelettes à cils vibratiles se fixent tout autour du
vaisseau, toujours en sens irradiant, et quelques-unes de ces bandes
se portent même un peu plus loin sur le vaisseau, en l'entourant de
tout côté, donnant à celui-ci l'aspect d'une mosaïque. Ce qu'il
y a de curieux, ce sont ces taches pigmentaires jaune d'ocre qui se
trouvent au bout de chaque bande (g). Ces bandes, par leur entre-croisement, forment des figures rhomboïdales ayant chacune une de ces
taches au centre.

Lorsqu'on ouvre une Térébelle on déchire souvent quelques-unes
des bandelettes ciliaires et alors sous la loupe on voit des espèces
de corps blanchâtres qui tournent assez rapidement sur eux-mêmes.
Et comme les parties des bandelettes qui se déchirent sont celles
où se trouvent ces taches, il semble alors qu'on a sous les yeux

quelque animal parasite. Ce sont justement ces portions du pavillon qui ont attiré mon attention sur les organes segmentaires, qui jusqu'alors m'avaient échappé complètement.

La structure est telle que nous l'avons décrite, et elle ne diffère en rien de ce que nous connaissons déjà chez les autres animaux.

3° *Fonctions.* — Après avoir vu leur position, leur forme et leur structure, il n'y a aucun doute sur le rôle de ces organes. Les produits de la génération sont appelés incessamment par les pavillons et ensuite évacués au dehors, quand le phénomène de la ponte s'accomplit.

Je résume les particularités qu'offrent ces organes chez l'espèce que nous étudions :

« 1° Les corps de Bojanus n'ont qu'un orifice qui leur permet de communiquer avec l'extérieur, et par lequel les résidus de l'épuration du sang s'échappent ;

« 2° Les organes segmentaires se trouvent en arrière des corps de Bojanus, et communiquent directement avec l'extérieur, sans l'intermédiaire de ces derniers organes, comme cela a lieu chez les Arénicoles et chez *Terebella gigantea.* »

Les déductions qui peuvent être tirées de ces faits sont faciles à concevoir :

« 1° Les corps de Bojanus n'ont aucun rôle dans l'acte reproducteur, comme on l'a cru jusqu'ici ;

« 2° Les produits de la génération sont évacués au dehors par des oviductes ou des spermiductes, nommés plus généralement organes segmentaires. »

§ 3. *Ovaire et testicule.*

Les glandes génitales sont voisines des organes segmentaires, et toujours en relation intime avec un vaisseau sanguin.

Nous avons dit que les organes segmentaires reçoivent un vaisseau qui vient du vaisseau sus-intestinal. Celui-ci, arrivant au pavillon de l'un d'entre eux, se recourbe en bas et longe le bord interne du corps de l'organe jusqu'à son point d'insertion, au niveau duquel il s'enfonce dans la paroi du corps. C'est autour de ce vaisseau sanguin et tout près du sommet de l'organe (*ov*) que les glandes se trouvent (fig. 3, pl. XXIV).

Au microscope on constate comme toujours une glande en forme de grappe, dont chacun des culs-de-sac est rempli soit par des œufs très jeunes (fig. 7), soit par des cellules mères des spermatozoïdes (fig. 9). Quand la glande est assez développée, on voit à côté de chaque organe segmentaire un renflement (*ov*) assez considérable de couleur blanche qui attire tout de suite l'attention de son côté.

D'après ce que nous venons de dire, il y a deux paires d'ovaires ou de testicules, suivant les sexes, et leurs produits, une fois mûrs, tombent dans la cavité du corps : les œufs grandissent, leur vitellus d'abord granuleux se colore en jaune terre de Sienne (fig. 8). Les cellules mères des spermatozoïdes, par suite du déchirement de leur paroi, laissent ceux-ci en liberté. Ils ont une tête assez grosse et une toute petite queue. Il faut un grossissement de 580 diamètres pour les apercevoir.

Le développement de ces éléments à l'intérieur des culs-de-sac se fait de la même manière que chez l'autre Térébelle. Toujours dans cette masse amorphe, qui augmente incessamment par suite d'une nutrition exagérée, on voit de petits noyaux, autour desquels se dessine une paroi, formant ainsi l'ébauche de l'œuf. Ensuite, ces éléments subissent les transformations indiquées jusqu'à ce que le moment de la ponte arrive.

Ponte. — En hiver, les Térébelles ne pondent pas. Il suffit de regarder leurs glandes pour s'en convaincre tout de suite. En effet, elles sont à peine développées. Ce n'est qu'au commencement du printemps et surtout aux mois d'avril et de mai que la ponte a lieu.

J'ai vu une *Terebella conchylega* pondre pendant deux heures dans une cuvette, au mois de mai 1878, quand j'étais à Roscoff. L'animal restait tranquille sur son côté droit. Les tentacules, si contractiles en tout autre temps, étaient ramassés autour de la tête et en repos. Enfin, par les pores correspondant aux organes segmentaires, un jet continuel d'œufs rouges s'écoulait. Au bout de deux ou trois minutes l'acte de la ponte s'arrêtait, pour recommencer de nouveau. Dans ces intervalles l'animal se déplaçait assez souvent, pour se remettre dans l'attitude primitive.

La quantité d'œufs que l'animal a pondus était prodigieuse. De cette observation on peut tirer une conclusion : c'est que la ponte ne se fait point mécaniquement. Elle est soumise à la volonté de l'animal, ou du moins les organes segmentaires, après avoir recueilli une certaine quantité d'œufs, se reposent un instant pour recommencer immédiatement après. Ce n'est pas encore tout. Comment la ponte est-elle provoquée, puisque ces produits depuis long-temps flottent librement dans la cavité viscérale ? Je ne puis le dire encore.

CHAPITRE III.

OPHÉLIENS.

(Pl. XXV. Fig. 1-23.)

Après les trois types étudiés, on peut se faire une idée de la nature véritable des organes de reproduction chez les Annélides sédentaires. Néanmoins, je prendrai encore un type régulier de ce groupe, qui montrera jusqu'à la dernière évidence la vérité des faits mentionnés ici, et la véritable nature des organes sur lesquels on a fait tant de conjectures jusqu'à ces derniers temps. C'est l'*Ophelia bicornis* très commune à Roscoff dans le sable à l'est de l'île de Batz.

Chez cette espèce les corps de Bojanus sont encore séparés des organes segmentaires.

Je vais dans un tout petit article jeter un coup d'œil sur l'ensemble de l'organisation.

ARTICLE 1. — CORPS.

A l'intérieur du corps on trouve encore ces bandelettes musculaires obliques, très minces, en rapport, du reste, avec l'organisation délicate de ces petits Annélides. Le tube digestif, plus long et courbé, est situé sur la ligne médiane d'une extrémité à l'autre de l'animal (fig. 1, pl. XXV). Il n'y a pas de diaphragme, comme chez les animaux précédents.

Appareil circulatoire. — L'appareil circulatoire se compose d'un vaisseau dorsal (*v'*) assez dilatable, rempli d'un sang rouge très vif et qui circule d'arrière en avant, d'un vaisseau sous-intestinal très volumineux et de couleur terre de Sienne (*v*) et enfin de deux vaisseaux latéraux à sang très rouge (*v''*). Ces derniers, situés au-dessus des rames supérieures des pieds, s'anastomosent entre eux d'anneau en anneau tant sur le dos de l'animal que sur la partie ventrale. On voit facilement la marche du sang dans ces derniers vaisseaux sur les

Ophélies bien vivantes qui se meuvent au fond d'une cuvette pleine d'eau de mer. De toutes ces parties de l'appareil circulatoire, c'est le vaisseau sous-intestinal (*v*) qui fournit les artères branchiales.

Ces artères, dans l'espace des dix premiers anneaux du corps, sont en rapport avec les organes segmentaires et les corps de Bojanus, enfin avec les branchies.

Branchies. — Les branchies (*b*) ont la forme de longs culs-de-sac très contractiles. Elles sont logées dans des pores situés au-dessus des rames des pieds (fig. 2 et 3, pl. XXV), et tantôt sortent au dehors, tantôt y rentrent et font saillie à l'intérieur du corps.

Le sang leur arrive du vaisseau sous-intestinal; ensuite, après avoir passé à l'intérieur de chaque cul-de-sac branchial, le liquide très rouge retourne et se déverse dans le vaisseau latéral correspondant.

Une fois orientés dans l'organisation, nous pouvons passer à l'étude des organes de la reproduction et des corps de Bojanus.

ARTICLE. 2. — ORGANES DE L'EXCRÉTION ET DE LA REPRODUCTION.

Jusqu'à présent nous avons vu chez l'Arénicole les corps de Bojanus supporter les organes segmentaires et les glandes de la reproduction. Chez la *Terebella gigantea*, nous voyons à peu près la même chose, si ce n'est une séparation des glandes génitales, situées sur la ligne médiane, des autres organes excréteurs.

Chez la *Terebella conchyleya* la séparation entre ces organes est complète. Les corps de Bojanus se trouvent en avant des organes de la reproduction. Enfin, chez l'Ophélie encore la séparation est complète, seulement l'arrangement des différentes parties est inverse, à savoir : les organes de la reproduction sont en avant et plus en arrière les corps de Bojanus.

§ 1. *Corps de Bojanus.*

Les corps de Bojanus (*c*, fig. 1), au nombre de cinq paires, sont situés au milieu de l'espace compris entre les deux rames des pieds.

1° *Anatomie. Forme.* — Chacune de ces poches a la forme d'une cornemuse. On peut lui considérer deux extrémités, deux bords et deux faces (fig. 4 et 5, pl. XXV).

a. *Faces*. — L'une des faces est supérieure, l'autre inférieure ; la première est en rapport avec les bandelettes musculaires, et la dernière avec la paroi du corps.

b. *Extrémités*. — L'antérieure est très gonflée et fixée contre la paroi du corps. La postérieure, effilée en tuyau, se rapproche un peu de l'extrémité antérieure après s'être courbée en avant. Par cette extrémité, l'intérieur de la poche communique avec l'extérieur. En effet, ce bout plonge entre les fibres musculaires du corps et s'ouvre au dehors par un pore (*p*) qu'on aperçoit facilement à la loupe un peu plus bas et en avant des rames inférieures (*r'*) du pied (fig. 2 et 3). On voit de ces pores sur les dix premiers anneaux du corps, dont cinq correspondent aux cinq paires d'organes segmentaires et cinq autres aux corps de Bojanus.

c. *Bords*. — Le bord externe est concave, courbe par suite de la torsion de l'extrémité postérieure de la poche.

Le bord *interne* est convexe et en relation avec le rameau postérieur (*a'*) de l'artère branchiale correspondante (*a*). En effet, tout près de l'extrémité antérieure de chaque poche passe l'artère qui va à la branchie de l'anneau correspondant. Cette artère à ce niveau donne une branche qui longe le bord convexe de la poche et se porte ensuite dans la paroi du corps. Or c'est de ces branches que les poches reçoivent le sang nécessaire. Enfin çà et là on trouve tout autour du vaisseau sanguin des culs-de-sac jaunâtres analogues à ceux mentionnés chez les Arénicoles.

Intérieur. — L'intérieur des poches est vide. La cavité unique se rétrécit vers l'extrémité postérieure et toute sa surface est tapissée par un épithélium ciliaire. Le courant déterminé par les cils est très vif et présente une direction de la grosse extrémité vers le pore de sortie (fig. 3).

2° *Structure*. — Quant à la structure, il y a comme toujours dans leurs parois un véritable lacis vasculaire. D'une part, ces vaisseaux sont recouverts par des cellules à granulations jaunâtres, rouges, lesquelles ressemblent tout à fait à celles qui tapissent les vaisseaux en culs-de-sac déjà mentionnés à la face interne du corps et au voisinage des gros troncs vasculaires. Ensuite les vacuoles laissées entre les vaisseaux sont remplies par des cellules de différentes grandeurs, en couches stratifiées, dont la plus superficielle est garnie de longs cils vibratiles. Chez les Ophélies il faut remarquer la forme de ces dernières cellules épithéliales. Elles sont très allongées et fortement granuleuses (fig. 6). Les granules sont fins et la coloration des poches leur est due.

3° *Fonctions.* — Comme toujours, ces organes servent à l'épuration du sang.

§ 2. *Organes segmentaires.*

Les organes segmentaires (*o*) de l'*Ophelia bicornis* sont au nombre de cinq paires, situées dans la région thoracique en avant des corps de Bojanus (*c*).

1° *Anatomie.* — En ouvrant un animal par le dos et en l'étalant sur un liège dans une cuvette pleine d'eau, on voit les organes segmentaires, même à l'œil nu, de chaque côté de la chaîne nerveuse.

Forme. — Leur forme est toujours la même, c'est-à-dire celle d'un cornet. En général elle ne varie point, si ce n'est dans la configuration des lèvres qui garnissent leur pavillon. Sur la figure 4 on voit le dernier de ces organes dans son état naturel et sur la figure 7 est représentée une coupe passant par le milieu de l'organe. On leur distingue comme toujours un corps et deux extrémités (base et sommet).

a. *Corps.* — Le corps supporte sur sa partie dorsale les glandes mâles ou femelles, selon les sexes (*g*). C'est toujours dans cet endroit que la branche postérieure de l'artère branchiale correspondante (*a*) croise la face de l'organe segmentaire.

b. *Sommet.* — Le sommet du cône que représente un organe segmentaire est tronqué. Son ouverture débouche au dehors à l'aide d'un de ces pores (*p*) signalés déjà en avant de la rame inférieure sur le segment médian de l'anneau. Vers le sommet de l'organe, le corps se rétrécit et prend l'apparence d'un tube assez long. En examinant la forme de l'organe segmentaire chez cette espèce, on voit la forme typique de cet organe si bien décrit chez les Oligochètes.

Tout autour du sommet se trouve un amas de culs-de-sac jaune-brun de la structure desquels nous nous sommes déjà occupé plusieurs fois. Il y a toujours un vaisseau sanguin central entouré de cellules à pigments et à granulations graisseuses.

c. *Base.* — La base de l'organe segmentaire représente physiologiquement le pavillon, ou, si l'on veut, la trompe de Fallope de l'oviducte des Vertébrés. En effet, c'est par son intermédiaire que les produits de la génération sont appelés, recueillis et évacués au dehors. Cette

partie de l'organe présente une ouverture ovale assez large, mettant
ainsi l'intérieur du cornet en communication directe avec la chambre viscérale. Cette ouverture est limitée par deux lèvres, dont l'une
est supérieure et l'autre inférieure. Chacune d'elles présente une
conformation particulière.

Lèvre supérieure. — Presque toujours la lèvre supérieure déborde
de beaucoup l'inférieure. Les artères branchiales, arrivant au niveau
des pavillons des organes segmentaires, se bifurquent, comme cela a
lieu pour les mêmes artères situées plus en arrière ou plus en avant.
Une de ces branches croise le dos de l'organe segmentaire. C'est la
même disposition que pour les corps de Bojanus. L'autre branche, qui
continue l'artère pour aller à la branchie correspondante, s'engage
dans la lèvre supérieure de l'organe segmentaire. De sorte que dans
ces endroits les artères branchiales ne sont plus libres, et ici se répète
ce que nous avons vu chez l'Arénicole, c'est-à-dire qu'une artère passe
par la lèvre supérieure de chaque pavillon, avec cette différence que,
chez ce dernier Annélide, ce n'est pas l'artère branchiale elle-
même qui traverse la lèvre, mais une de ses branches, analogue à la
branche postérieure dorsale de l'Ophélie. Ce n'est qu'après avoir ainsi
traversé la base du pavillon que l'artère passe dans la branchie correspondante. Le bord libre de la lèvre est garni de franges et il offre
trois aspects différents tandis que chez l'Arénicole nous n'en avons
trouvé que deux. Tantôt ces franges ont la forme de doubles feuilles
s'emboîtant plus ou moins par leur base (fig. 9), tantôt elles ressemblent à des houppes touffues et pédiculées (fig. 8) ; tantôt enfin, les
franges manquent et le bord a tout à fait la même forme que la lèvre
inférieure (fig. 10). Toute la surface des franges est extrêmement
ciliée et le courant vibratile est très vif.

Lèvre inférieure. - Cette lèvre est simple, rectiligne. Un morceau
détaché nous montre une série de cellules cylindriques à noyau central, granuleuses et excessivement ciliées. Plus haut il a été mentionné des cas où la lèvre supérieure présente la même forme.

Intérieur. — En faisant une coupe dans un de ces organes on
voit à l'intérieur une cavité ciliée. La direction du courant est diri-
gée du côté de l'ouverture du pavillon vers le sommet.

2° *Structure*. — La structure de ces organes est toujours la même.
Les parois sont vasculaires, et les franges labiales se remplissent du
sang qui leur arrive en grande quantité : de là leur coloration d'un
beau rose. La lèvre inférieure, au contraire, est pâle.

Les cellules tapissant l'intérieur constituent, comme toujours, un épithélium pavimenteux stratifié.

3° *Fonctions*. — Chez les individus mâles les organes segmentaires jouent le rôle de spermiductes. Chez les individus femelles, ces organes jouent le même rôle que les oviductes. En un mot, dans un cas comme dans l'autre :

« Les organes segmentaires servent à l'évacuation des produits de la génération au dehors, après les avoir recueillis de l'intérieur du corps des animaux. »

§ 3. *Glandes génitales.*

Les testicules ou les ovaires ont la même position, le même arrangement, les mêmes rapports, et ne diffèrent guère que par la nature de leurs produits. Pendant la fin de l'automne et tout l'hiver jusqu'au mois de janvier, les glandes ne peuvent être distinguées l'une de l'autre. Ce n'est que lorsque le travail de la génération s'est réveillé, quand ces glandes entrent en fonction, que les testicules se distinguent des ovaires. Jusque-là ces glandes ont la forme d'amas plus ou moins saillants de couleur blanche et d'une structure amorphe (fig. 12). Pour reconnaître leur nature il faut donc les étudier à un moment plus ou moins rapproché de la ponte.

1° *Ovaires*. — Il y a cinq paires d'ovaires, autant que d'organes segmentaires. Ils sont placés sur le dos de ces derniers, de chaque côté du vaisseau qui longe cette partie (fig. 11). On voit de petits culs-de-sac attachés à ce vaisseau faire saillie à travers la glande, séparant ainsi plusieurs lobes. Au moment de l'activité de ces organes, on voit les œufs à différents degrés de développement. Ceux qui occupent la surface de la glande, sont les plus mûrs. Ils ont un contenu pâle renfermant à peine quelques granulations et au centre un beau noyau transparent (*b*), fig. 13. Les cellules ou les œufs situés au centre n'ont qu'un noyau à peine visible (*a*). Il faut employer un grossissement de 350 diamètres pour les apercevoir.

Les œufs, encore jeunes, se détachent de la glande et tombent dans la cavité du corps, où ils mûrissent. On voit des œufs chez lesquels le vitellus commence à devenir granuleux quand déjà s'aperçoit une auréole autour du noyau central, qui est la vésicule germinative (corpuscule de Purckinge), tandis que le nucléole sera la tache germinative ou le corpuscule de Wagner (*h*).

Enfin l'œuf mûr (*d*), fig. 13, a une membrane vitelline, un vitellus très granuleux, une vésicule germinative transparente assez large et un corpuscule de Wagner. Avec les œufs il y a, comme chez les autres Annélides, un grand nombre de ces cellules, à granulations jaunes-brunes et à granulations pâles, douées de mouvement brownien.

2° *Testicule.* — Les glandes mâles ont une structure différente. Les cellules qui bordent les glandes, par conséquent les plus mûres, ont leur contenu comme framboisé. C'est à cet état que le plus grand nombre de ces cellules se désagrège et tombe dans la cavité du corps. Chacune des cellules constituant la partie framboisée est un spermatozoïde. En effet, bientôt la cellule mère se dissout, et chacun des amas se désagrège, laissant voir de petits filaments qui sont les queues des spermatozoïdes ; enfin, bientôt les individus se séparent à leur tour et deviennent libres.

Les spermatozoïdes de l'Ophélie ont toujours la tête conique, pointue en avant, la queue est un peu plus longue que celle des espèces étudiées (fig. 14).

ARTICLE 3. — PONTE ET DÉVELOPPEMENT.

, Il m'a été envoyé dans l'hiver de 1878, au mois de février, des pontes d'Annélides dont j'ai pu suivre assez loin le développement. Il fut facile de reconnaître l'espèce à laquelle ces œufs appartenaient, parce qu'on les recueillit dans les endroits où les Ophélies abondent, ensuite parce qu'on trouva ces dernières en train de pondre. Ces observations ont été suivies à Paris dans le laboratoire de zoologie expérimentale (Sorbonne), où, malgré toute la difficulté de transport de l'eau de mer, il me fut possible de voir les premières phases du développement de ces Annélides. Malheureusement, au mois de mai, les petites Ophélies sont mortes, et les observations se sont arrêtées là. Or, comme il y a quelques faits assez remarquables dans leur développement, il me semble utile de les décrire aussi rapidement que possible.

§ 1. *Ponte.*

C'est à la fin du mois de février que les Ophélies pondent. Ces animaux vivent librement dans le sable et au moment de la ponte ils sortent à la surface du sol. Là ils commencent à s'entourer d'une glaire collante qui par le contact de l'eau de mer prend la consistance de la gélatine. Cette matière est sécrétée par la peau et devient très abondante pendant l'acte de la ponte. En effet il suffit de mettre une de ces Ophélies dans une cuvette pleine d'eau de mer, au fond de laquelle il y a un peu de sable, pour voir l'animal s'entourer de sable, les grains étant réunis par la glaire.

La femelle dépose ses œufs à l'intérieur de cette gélatine, et après, elle se retire et pénètre dans le sable. Au fur et à mesure que l'Ophélie avance dans le sol, la glaire la suit en s'effilant en un long tube. De sorte qu'à un moment donné, quand l'animal a arrêté toute sécrétion, la ponte prend la forme représentée sur la figure 15, pl. XXV. C'est une grosse boule de gelée assez consistante, à l'intérieur de laquelle se trouvent disséminés les œufs et qui se continue avec un long tube de même nature, ouvert à son extrémité. C'est par cette dernière partie que la ponte est fixée au sol. Alors, quand la mer se retire, on voit à la surface du sable ces corps flotter en quelque sorte par milliers. Lors du reflux la plupart des pontes sont arrachées du sol par la force du courant et entraînées plus loin. Il reste à se demander comment se fait la fécondation des œufs. Il m'est arrivé de trouver dans les paquets de ponte qu'on m'a envoyés, une Ophélie engagée dans le tube de sortie d'un de ces renflements. Cet animal était entouré d'une masse blanchâtre, qui n'était autre chose que des spermatozoïdes.

Il paraît probable, d'après ce fait, qu'après que les femelles ont pondu, les mâles arrivent pour arroser ces œufs avec la liqueur séminale.

Ces faits sont assez fréquents chez les animaux inférieurs, pour que l'explication donnée ci-dessus ne soit pas dépourvue de fondement.

Quand la ponte a-t-elle lieu? La question n'est pas facile à résoudre. Aux mois de mai et juin les organes de la reproduction des Ophélies sont dans un état de repos remarquable. Les œufs sont à peine dessinés dans les glandes. Pourtant il y a des individus qui en sont bourrés. Il en est de même en hiver. On trouve des individus chez lesquels les glandes génitales sont très développées, et la cavité générale du corps est pleine de leurs produits. Enfin, d'autres Ophélies ne montrent aucun indice d'activité reproductrice.

Il eût fallu faire, à ces différentes époques, un relevé indiquant combien d'Ophélies étaient pleines d'œufs et combien étaient vides.

On aurait pu juger ainsi, par la majorité des cas, de l'époque la plus active de la ponte.

En se rapportant un peu à ce fait que c'est surtout au commencement du printemps que les pontes abondent, on peut conclure qu'à cette époque le phénomène doit s'accomplir dans la plupart des Ophélies.

Après chaque ponte, sans aucun doute, les animaux se reposent et les glandes génitales s'effacent.

§ 2. *Développement.*

En faisant des fécondations artificielles on observe des faits assez remarquables qui seront décrits bientôt à propos du *Chetopterus Valencinii* sur lequel ils ont été vus. Dès à présent on peut dire qu'il y a trois périodes dans la fécondation, et ce n'est qu'après trois séries de phénomènes que cet acte s'accomplit, savoir :

1° Contact du spermatozoïde avec l'œuf, disparition de la vésicule germinative ;

2° Mouvements vitellins suivis d'un repos ;

3° Nouveaux mouvements vitellins suivis également d'un repos, plus long que le premier ;

4° Segmentation.

Les œufs qu'on trouve à l'intérieur de ces boules de gélatine restent longtemps en repos avant de subir la segmentation. En cet état même à un fort grossissement, on n'aperçoit aucune trace de leur vésicule germinative. Leur vitellus très-granuleux remplit tout l'intérieur de l'œuf limité par la membrane vitelline. Les différentes phases du développement des œufs des Ophélies ont été suivies progressivement par un examen journalier : et pour la facilité des descriptions j'ai classé mes observations (qui ne s'arrêtèrent que quand les embryons moururent) en cinq séries. Savoir :

a. Segmentation des œufs ;

b. Première forme de l'animal ;

c. Formation de la bouche et du tube digestif ;

d. Sortie des embryons de leur coque et leur groupement.

e. Formation de l'appareil circulatoire et de ses annexes. Perforation de l'anus.

Beaucoup d'études ont déjà été faites sur les premières phases du développement des Annélides; je citerai entre autres celle de M. Milne-

Edwards sur les Térébelles, celle de Claparède et de Mecznikow [1] sur quelques Errants, celle de M. de Quatrefages sur les Hermelles, etc. Mais comme j'ai remarqué quelques particularités dans la manière d'être des embryons de l'ophélie, je crois bien faire de les signaler.

a. *Segmentation.* — Les œufs renfermés dans les boules de gélatine indiquées déjà, se réveillent, en quelque sorte, de la léthargie où ils étaient plongés et commencent à se segmenter. La masse vitelline se sépare d'abord en deux amas (*a*), fig. 16. Bientôt on aperçoit sur l'un d'eux un petit sillon qui le divise rapidement, et on voit l'œuf ayant trois cellules à l'intérieur (*b*). Un sillon de même nature se montre au sommet de l'autre amas, non encore divisé, et en définitive, on voit quatre cellules (*c*). En résumant ces premières observations on remarque que la masse vitelline s'est segmentée successivement en 2, 3 et 4 cellules. Bientôt nous voyons l'état framboisé, et, l'œuf étant regardé par le côté où plus tard sera la bouche, on aperçoit un cercle central entouré par douze cellules allongées et s'irradiant vers la périphérie. Tout l'intérieur de l'œuf est rempli de cellules de différentes grandeurs. La membrane vitelline s'applique étroitement contre le vitellus framboisé, fait cité par tous les auteurs qui se sont occupés des Annélides.

b. *Formation de l'embryon.* — La masse vitelline une fois segmentée, l'œuf, de sphérique qu'il était, s'allonge vers l'un de ses pôles, tandis qu'il reste arrondi à l'autre (fig. 18). La portion allongée, pointue, sera la tête. Les cellules composant l'ébauche de l'embryon ont des dimensions variables. Les plus grosses occupent l'extrémité postérieure de l'animal. A un grossissement de 350 diamètres, elles se montrent avec un gros noyau central et quelquefois aussi avec un nucléole (fig. 17). Le contenu de chaque cellule est extrêmement granuleux. L'embryon s'allonge davantage et sur son extrémité antérieure apparaissent deux petites taches ressemblant à des yeux. Il commence à se mouvoir, mais très lentement ; son corps prend des ondulations, et des cils vibratiles apparaissent à sa surface. Ces prolongements protoplasmiques (sarcodiques Duj.) se trouvent sur les saillies qui, plus tard, seront les pieds, et paraissent progressivement, par paires, de la partie antérieure vers la partie postérieure du corps de l'Embryon.

---

[1] *Zeitschrift für wiss. Zoologie,* t. XIX.

c. Formation de la bouche et du tube digestif. — Après quinze jours on voit sur la ligne médiane du corps de l'embryon, et dans les trois quarts antérieurs, une partie plus foncée. C'est le tube digestif. Ce sont les cellules centrales qui le constituent en se réunissant entre elles et ce phénomène commence d'abord dans le premier anneau céphalique, pour avancer peu à peu vers l'extrémité postérieure (fig. 20). La bouche, ainsi qu'il a été dit plus haut, apparaît là où les cellules primitives limitent un cercle central ; et cet arrangement a lieu sur la face ventrale de l'embryon. Je n'ai pu voir de cils vibratiles autour de l'orifice buccal.

Les anneaux du corps se dessinent de mieux en mieux, et leur nombre augmente. Les soies apparaissent au nombre de trois sur chaque pied, et le tube digestif, rendu visible par ses contractions vermiculaires, avance vers l'extrémité postérieure où une dépression centrale (futur anus) se manifeste (fig. 21). Dans la région céphalique une communication s'établit entre la bouche et le tube alimentaire et l'animal projette de temps en temps l'extrémité antérieure de cet organe à la manière d'une trompe.

De chaque côté de la dépression anale on voit un tout petit tubercule transparent : ce sont les premiers indices de la rosette anale. Le tube digestif semble confondu vers cette extrémité avec les éléments de l'anneau. A cette période du développement des embryons on voit encore, sur les deux derniers anneaux du corps, deux petits tubercules coniques et ciliés dont j'ignore les fonctions. Les soies garnissant les anneaux sont allongées, pointues et coudées.

d. Sortie des embryons et leur groupement. — Quand les animaux commencent à se mouvoir, ils cherchent à quitter leur demeure primitive. On les voit alors se diriger vers l'embouchure du tube de communication (fig. 23). Dès qu'ils sont libres, ils cherchent à se cacher. C'est un fait assez remarquable. Voilà des êtres qui ont des taches oculaires et fuient le grand jour. Toutes les fois que le bocal où se trouvaient les embryons était placé à la lumière, on les voyait courir de tous côtés, s'enroulant et se cachant la tête le mieux possible, et ne restant en repos qu'à l'obscurité. Dès lors ils sécrètent une matière glutineuse à l'aide de laquelle plusieurs embryons s'accolent entre eux par la queue (fig. 24), ne restant libres que par leur extrémité antérieure. Mais bientôt on observe un autre phénomène : ces groupes d'Annélides exsudent, comme toujours, une matière gluante qui les recouvre complètement, et l'on voit au fond de la cuvette des amas jaunâtres qui représentent autant de tubes à deux ouvertures à l'intérieur desquels se trouvent les embryons. Vient-on à casser un de ces tubes, il s'en forme bientôt un autre à sa place. On voit encore beaucoup d'embryons libres, roulant sans cesse au fond de la cuvette.

c. *Formation de l'appareil circulatoire. Anus.* — Après un mois d'observations j'aperçus de nouvelles transformations chez les embryons. Le nombre des anneaux est augmenté. La peau de la tête laisse voir les cellules épithéliales qui la couvrent. Le bulbe pharyngien devient manifeste. L'œsophage, beaucoup allongé, s'infléchit plusieurs fois (fig. 22). L'estomac, assez dilaté, montre indistinctement l'épaisseur de ses parois et les cellules épithéliales qui tapissent son intérieur. L'intestin, très plissé, s'ouvre au dehors par un pore situé au centre de la dépression citée plus haut. Les mamelons branchifères se sont allongés et toute leur surface est ciliée.

Bientôt on assiste à la formation de la chambre viscérale, car la séparation entre la paroi du corps et celle du tube digestif commence à avoir lieu. Cette séparation se produit d'abord dans la région antérieure de l'animal et se prolonge peu à peu en arrière.

Au bout de deux mois je vis, dans la portion antérieure du corps, le commencement des vaisseaux sous-intestinal et sus-intestinal, tous les deux accolés au tube digestif, et vers l'extrémité de la tête, la bifurcation du vaisseau dorsal. Toutes ces artères naissent sur place dans les différentes parties du corps et vont à la rencontre l'une de l'autre.

Dans les branchies on voit aussi se dessiner un liquide de couleur rose, qui devient de plus en plus foncé. En même temps, du vaisseau sous-intestinal, une artère leur est envoyée.

Dans le huitième anneau du corps apparaît une paire de poches très contractiles. Le sang, arrivé à leur intérieur, en est immédiatement chassé. D'abord on observe une seule paire de ces poches, ensuite deux, trois, qui apparaissent au fur et à mesure que la cavité du corps se prolonge vers l'extrémité caudale.

D'après leur position et leurs rapports on peut se demander si ces poches ne seront pas plus tard les corps de Bojanus. Malheureusement c'est là que mes observations se sont arrêtées. Je laisse sur ce point intéressant une lacune que j'espère combler plus tard.

CHAPITRE IV.

Famille des Chétoptériens.

(Pl. XXVI, fig. 1-17.)

Dans cette famille nous allons étudier le *Chetopterus Valencim*
espèce assez abondante à Roscoff. Bien que le but de mes recherches
soit l'étude des organes de la reproduction, je dois m'arrêter un
instant sur l'organisation de l'animal.

Historique.

C'est Dicquemare et non Cuvier, comme on l'a dit, qui, le premier,
mentionna le Chètoptère. Nous trouvons un travail de cet auteur[1] inti-
tulé : *Sur le Boudin de mer*, qui n'est autre chose que le chétoptère de
Cuvier. C'est à ce dernier naturaliste que nous devons le nom de
Chétoptère (Χαίτη, crinière, et πτερόν, ailes), c'est-à-dire animal avec
des ailes garnies de soies. En 1833, M. Milne-Edwards et Audouin ont
repris l'étude de ce même type, donnant une description un peu
plus détaillée[2]. Sars, plus tard, mentionna un nouveau chétoptère sur
les rives de la Norwège, différant de celui du Cuvier ; c'est ainsi qu'une
famille fut créée dans le groupe des Annélides sédentaires : celle des
Chétoptéridées. En 1849, Rud. Leuckart, de Göttingen, reprit l'étude
de cette famille, donnant une description encore plus précise sur l'extérieur de ces animaux[3].

Dans les *Müller's Archives* de 1855, on trouve une planche avec un
texte de 11 pages qui montrent les différences des Chétoptères : le
Pergamentaceus et le *Norvegicus*.

Claparède, dans son grand travail sur les Annélides sédentaires,
donne plusieurs figures représentant des coupes faites sur le même
animal.

En 1867, **M.** Jourdain, ancien professeur à la Faculté de Nancy, lut à
l'Association scientifique de France un mémoire sur un chétoptère de
la Manche, dont le résumé se trouve dans le *Bulletin hebdomadaire de
l'association scientifique de France*, n° 33, 15 sept. 1867, et un court
extrait de ce mémoire parut dans les *Annales des sciences naturelles*[4].

[1] Roziez, *Observations et Mémoires sur la physiologie*, t. XII, 1778, p. 416.
[2] *Ann. sc. nat.*, 1833, t. XX, p. 416.
[3] *Archiv. fur Naturgeschichte*, 1849, n° 29. p. 340-351.
[4] *Ann. sc. nat.*, 5e série, t. VII, 1867, p. 389.

Enfin M. Lespès[1], professeur à la Faculté des sciences de Marseille, publia en 1872, dans les *Annales des sciences naturelles*, un mémoire sur une nouvelle espèce nommée : *Chétopterus brevis*, trouvée sur les côtes de la Provence.

Comme on le voit, bien des naturalistes ont étudié ces animaux. Cependant les *organes segmentaires* et les *glandes génitales* réclamaient de nouvelles études.

ARTICLE 1. — DE L'ANIMAL.

Nous étudierons rapidement l'organisation du *Chétopterus Valencinii* en ce qui concerne les organes de la relation et la nutrition.

A. RELATION. — Nous allons décrire d'abord le corps de l'animal et ensuite le système nerveux et les organes des sens.

§ 1. *Corps* [2].

Comme chez les autres annélides, on distingue chez le chétoptère trois régions : une céphalique, une thoracique et une abdominale.

Chacune d'elles a un aspect différent; mais, comme organisation, elles se ressemblent, ainsi que nous le verrons dans les descriptions suivantes.

a. *Région céphalique.* — Il est utile de compléter les descriptions données sur cette région, en y ajoutant quelques détails.

On y distingue un large entonnoir, au fond duquel se trouve la bouche. Cette partie, considérée comme la tête, présente en avant et sur le côté dorsal deux prolongements nommés *antennes*. Celles-ci ont à leur base et sur leur côté externe des taches noirâtres nommées *yeux*. L'entonnoir est suivi d'une partie quadrilatère limitée par une rangée de neuf prolongements coniques, qui sont autant de *pieds*, garnis de soies, lesquelles sortent par des fentes situées à la face inférieure de ces prolongements. Les soies de la troisième paire de pieds sont plus grosses et plus foncées que celles des autres, ce qui fait qu'on les prend pour des yeux.

Cette région est terminée par deux longues expansions aliformes, qui représentent la dixième paire de pieds (*a*). Sur la face dorsale de

---

[1] *Ann. sc. nat.*, 5ᵉ série, t. X, p. 63.

[2] Pour ces descriptions je considère l'animal placé sur un plan horizontal ayant la tête en avant. Donc, il a une face supérieure ou dorsale, une autre inférieure ou ventrale, et les deux extrémités.

la partie céphalique existe, sur la ligne médiane et immédiatement
en arrière du bourrelet qui représente la lèvre supérieure de *l'infundibulum buccal*, une toute petite dépression (*d*) suivie d'une gouttière arrivant jusqu'à l'extrémité postérieure de la région, pour se
continuer en arrière sur la partie thoracique du corps.

Cette extrémité de l'animal, formée de fibres musculaires, est creuse
au centre, où se trouve l'*œsophage*. Si sur une tête de chétoptère, ma-
cérée pendant vingt-quatre heures dans l'acide acétique étendu, on
enlève la peau de la face ventrale (fig. 2, pl. XXVI), on voit une
cloison (*c*) au niveau de chaque paire de pied, ce qui indique bien
que cette région est formée par neuf anneaux soudés intimement les
uns aux autres. De sorte que ce n'est véritablement que le premier
limitant l'entonnoir qui représente la tête. Les fibres musculaires du
corps s'étendent d'une cloison à l'autre. Les prolongements sétigères
représentent les rames dorsales des pieds.

Si l'on fait une coupe à cet endroit du corps, en passant par le milieu
d'un de ces pieds (fig. 5), on voit deux grandes cavités latérales se
prolongeant à l'intérieur des rames. Au centre et sur la ligne médiane il y a un espace ménagé entre les fibres musculaires, tapissé
par un épithélium (*e*). C'est l'œsophage qui n'a pas de parois propres.
Sur la face dorsale on voit la gouttière déjà indiquée, garnie de deux
bourrelets. Sur la face ventrale, et dans les angles formés par les
pieds et le corps, on trouve, contre la couche musculaire, la coupe
de deux cordons (*n*) sur la nature desquels nous reviendrons.

Enfin le tout est recouvert par la peau, dont l'épiderme présente
une structure particulière. Les cellules qui le composent, à contenu
granuleux, ont des diamètres variables, et çà et là, entre leurs parois,
on voit un et quelquefois deux ou trois noyaux, ayant un nucléole.
L'ensemble du tissu épidermique est d'une grande délicatesse :
il a l'apparence d'un tissu en voie de formation.

Les bourrelets qui limitent la gouttière indiquée sur le dos de la
partie céphalique, méritent une étude plus approfondie. Leur portion centrale est formée par des fibres musculaires, recouvertes par
une peau qui, à un grossissement de 350 diamètres, montre des plaques assez larges, formées par des amas de cellules allongées, pleines
de toutes petites granulations qui se désagrègent par la compression. Les rainures qui séparent les plaques sont tapissées par
un épithélium cilié. Enfin à chaque bourrelet s'attache une mince
membrane recouverte par un épithélium pavimenteux, renfermant

aussi des glandules en forme de tubes, et sur le bord libre de laquelle sont des cellules cylindriques ciliées, à noyau central ; ce qui détermine dans ce sillon dorsal un courant vibratile très vif dirigé vers la tête. Sur les antennes et sur toute la surface du corps, il y a de ces cellules allongées, granuleuses, que nous avons vues sur la gouttière dorsale. L'acide acétique les gonfle considérablement et les transforme en une sorte de mucilage transparent au milieu duquel on aperçoit, à l'aide du microscope, les détritus des cellules.

Les pieds de la dixième paire ont la forme d'ailes tronquées. Leur face ventrale convexe est lisse, tandis que la dorsale est divisée en deux parties par une rainure. La postérieure est garnie de glandules longues, disposées sur les lignes fines qu'on peut observer à la loupe. L'autre partie est lisse, et par transparence on voit les soies qui se trouvent à l'intérieur des pieds. Le pourtour de ces espèces d'ailes est cilié. Les glandes indiquées se prolongent jusque sur la ligne médiane de la région, et sur un animal macéré dans l'acide acétique, toute la portion céphalique est couverte par une masse tuméfiée, due au gonflement des cellules, composant cet amas glandulaire. Sans aucun doute la glaire excessivement abondante qui enduit le corps de ces animaux est sécrétée par les cellules allongées que nous venons de décrire.

Les ailes tronquées (a) représentent les rames dorsales de la dixième paire de pieds ; les rames inférieures se sont réunies en une large cupule garnie de soies à crochets (en glabre), fait qui se répète aussi dans la région thoracique. Quand on essaye de retirer un chétoptère de son tube, on le voit s'attacher assez solidement aux parois à l'aide de ces expansions musculaires, jouant le rôle de ventouses.

Le tube digestif, près de l'extrémité postérieure de la région céphalique, a des parois propres, et il présente un renflement ou *jabot* (*j*) qui se voit à la face dorsale à ce niveau du corps.

b. *Région moyenne.* — Cette région commence immédiatement en arrière des pieds aliformes et se termine après la troisième vésicule d'où part l'abdomen, qui a un aspect tout différent.

Après la cupule ventrale que représentent les rames inférieures réunies de la dixième paire de pieds, on aperçoit deux gros cordons musculeux d'un blanc nacré (*m*) qui suivent toute la longueur du ventre de l'animal. Ces muscles sont manifestement visibles dans cette région. Ils diminuent de volume au fur et à mesure qu'ils se rapprochent de l'abdomen.

Dans cette région on distingue quatre anneaux. Le premier diffère des trois derniers, qui ont tous la même conformation.

Premier anneau. — Le premier anneau est le plus long et mérite d'être examiné de près. Sur sa face ventrale se trouvent les deux muscles accolés l'un à l'autre, supportant sur leur face dorsale la continuation de l'intestin. Cette partie du tube digestif affecte une disposition remarquable. Immédiatement après le renflement situé au centre de la dixième paire de pieds, le tube digestif, devenu étroit, forme deux ou trois courbures vers le commencement du premier anneau de la région moyenne. Là, la peau assez résistante le recouvre ; puis, à environ un demi-centimètre de là, le tube digestif se présente presqu'à nu (*i*), fig. 1. Il est fixé par un mésentère dans la rainure que laissent entre eux les deux muscles. Sur la ligne médiane et dorsale du tube digestif se trouve encore la continuation de la gouttière indiquée sur la portion céphalique. Ses bords sont glandulaires, festonnés et ciliés.

Les rames que forment les pieds de cet anneau ont une disposition particulière. Les dorsales sont réunies en une cupule musculeuse assez profonde (*v*) attachée de chaque côté par une bandelette à une autre cupule plus ouverte située au-dessous, qui représente les rames inférieures de cette paire (*l*).

Chaque cupule est remplie de ces glandules citées déjà, et leur épithélium est cilié. Dans les rames inférieures ainsi conformées arrivent deux groupes de faisceaux musculaires : l'un descend des rames supérieures, forme les bandelettes latérales, puis pénètre dans l'intérieur de la cupule (*l*), où il s'entre-croise avec l'autre faisceau, qui, parti des cordons ventraux, est entré dans la cupule par la partie antérieure, pour ressortir par la partie postérieure, d'où il va rejoindre les cordons, avec lesquels il se confond.

Au microscope il est très facile de voir que la cupule ventrale est double, car les portions musculeuses qui y arrivent forment deux lames recourbées, réunies par une mince membrane fibreuse recouverte par une quantité innombrable de glandules. Les bords de chaque lame sont recouverts par de longues cellules à contenu granuleux ; au-dessous, sur trois rangées parallèles, on trouve des soies en glabre ; et la circonférence de la cupule est toujours garnie de cils vibratiles.

En arrière des pieds de ce premier anneau, le tube digestif, moins gonflé, s'atténue pour passer dans l'anneau suivant.

Notons un fait toujours constant chez le *Chetopterus Valencinii* : dès qu'on touche cet animal, une scission s'opère suivant une ligne qui passe à un demi-centimètre en arrière de la dixième paire de pieds, et la portion céphalique est ainsi séparée du reste du corps. Chez beaucoup d'autres Annélides surtout errants, on voit, avant cette segmentation, qui se produit sur différents points du corps, l'animal se tordre sur lui-même. Chez le chétoptère, rien de pareil. Le corps reste immobile, et les vésicules que nous allons décrire continuent à se mouvoir alternativement comme d'habitude ; la portion céphalique seule se sépare avec une rapidité extraordinaire, et il est curieux de la voir s'éloigner en marchant à l'aide des pieds de la dixième paire.

Deuxième anneau. — En décrivant cet anneau, toute la région dont il fait partie nous sera connue.

Ici les pieds ont pris un développement considérable et affectent la forme de grosses vésicules (*v'*).

On doit distinguer deux faces et une arête. Si l'on regarde une de ces vésicules, on constate à sa surface une ligne circulaire concentrique à la bordure, limitant une partie centrale plus dilatable et de couleur bien plus foncée que le reste de la vésicule. Là se trouvent l'intestin et les glandes génitales, mâles ou femelles, suivant les sexes. Dans cette partie centrale il y a une cavité qu'il faut appeler *cavité viscérale*.

Le reste de la vésicule compris au-delà de la ligne de séparation (fig. 3 et 4, pl. XXVI) forme encore une cavité, mais elle présente une foule de trabécules qui passent d'une paroi à l'autre. La coupe faite au milieu d'une de ces poches montre d'abord deux parties réunies en une seule, et par conséquent les deux rames dorsales se confondent sous forme d'une grosse vésicule. La cavité viscérale (fig. 8) renferme le tube digestif (*i*) attaché à l'aide du mésentère sur la ligne médiane et inférieure. Enfin, latéralement, il y a la coupe du bourrelet, où les trabécules indiqués abondent.

Chaque vésicule repose sur les cordons musculaires (*m*), et au-dessous d'eux se trouve la cupule musculaire (*l*) qui représente la rame inférieure ou ventrale du pied correspondant. La structure est la même que celle des pieds précédents.

En regardant attentivement la circonférence d'une de ces vési-

cules, on constate de chaque côté, sur le prolongement qui les réunit à leur rame ventrale, et un peu au-dessus des cordons musculaires, une tache (t), fig. 6, due à la présence des soies et représentant
sans aucun doute les lambeaux externes des rames inférieures. Les
lambeaux internes se sont réunis en bas pour former la cupule déjà
indiquée (l).

Maintenant, si l'on étudie la structure des parois, on constate facilement que l'antérieure est formée par l'irradiation de deux faisceaux de fibres musculaires très délicates (f), qui arrivent des cordons
ventraux pour s'entre-croiser sur la ligne médiane. Vers les bords de
la vésicule les fibres se resserrent de plus en plus, et passent perpendiculairement en arrière, pour s'épanouir de nouveau sur la paroi
postérieure et se concentrer, après de nouveaux entre-croisements,
en deux faisceaux (f') qui pénètrent dans la cupule inférieure de la
vésicule précédente. Toutes ces fibres sont réunies par une mince
pellicule transparente et par des fibres circulaires plus abondantes
sur le pourtour; de sorte que les parois de la vésicule laissent facilement voir l'intérieur. C'est pour cette raison que l'intestin, coloré en
noir, se voit à travers les téguments, comme une masse de teinte
sombre. Toutes les vésicules sont donc excessivement musculeuses :
on conçoit dès lors leurs contractions incessantes. Elles s'appliquent
tantôt en avant, tantôt en arrière, et prennent des formes très diverses. Nous reviendrons avec plus de détails sur ces cavités à l'occa-
sion des organes segmentaires.

c. Région abdominale. — Cette région, la plus uniforme, se compose d'un grand nombre d'anneaux. Prenons l'un d'entre eux pour
l'analyser : on verra du côté dorsal deux prolongements coniques (v),
garnis de soies, qui représentent les rames supérieures de la
paire de pieds correspondants. Du côté ventral (fig. 14), et immédiatement au-dessous des cordons musculaires, bien amincis, on
voit un lambeau médian bifurqué (l), fig. 14; plus en dehors, et de
chaque côté, se présente une autre lame saillante garnie de soies
(l'). L'ensemble de ces dernières parties constitue les rames inférieures des pieds correspondants : la saillie médiane représente les
deux lambeaux internes soudés, et les saillies latérales, les lambeaux
externes de la même rame.

Dans cette région les anneaux diminuent de volume vers l'extrémité postérieure où se trouve l'anus, qui est terminal.

Entre deux anneaux correspondants, il y a un étranglement assez considérable, de sorte que les cavités de chacun d'eux sont presque isolées. Ici, comme pour la région moyenne, il y a une cavité centrale, remplie par l'intestin dilaté et par les glandes génitales. Enfin, dans chaque rame dorsale se trouve une cavité qui communique directement avec la cavité centrale.

Système nerveux. — Le système nerveux est très difficile à trouver. Dans le mémoire de M. Lespès [1] on voit figuré le système nerveux, mais ce dessin diffère de ce que j'ai vu. En effet, M. Lespès représente le cerveau sous la forme de deux ganglions et le place sur la ligne médiane de la lèvre dorsale de l'entonnoir. Or, là nous avons mentionné un tubercule corné auquel aboutit le sillon dorsal. Pourtant, M. Lespès indique le tubercule, et au-dessous les ganglions. Si l'on examine la figure par laquelle il représente la chaîne abdominale, on voit une série de doubles ganglions, correspondant à chaque anneau de la région céphalique. Il est regrettable que, dans l'article qui traite de cette partie importante, l'auteur n'indique pas la couche du corps que traverse la chaîne. Ceci a une grande importance.

En effet, en faisant des coupes, on constate chez quelques Annélides sédentaires et errants que la chaîne nerveuse est contenue dans la couche musculaire du corps, et même que les muscles lui forment une sorte d'étui ou de canal fermé de tous côtés.

Chez d'autres Annélides errants, on trouve, superposée au système nerveux emboîté dans les muscles, une bandelette nacrée présentant au-dessus de chaque paire de ganglions nerveux un renflement, qui envoie alternativement des ramifications à droite ou à gauche. On peut se demander si c'est à cette bandelette que M. Semper et M. E. Ray Lankester [2] donnent le nom de corde dorsale.

Pour revenir au *Chétoptère*, le système nerveux se présente dans notre espèce avec des caractères tout différents de celui du *Chetopterus brevis*. Sur des Chétoptères macérés pendant vingt-quatre heures dans l'acide acétique étendu, on arrive à suivre ce système assez loin ; mais on peut aussi l'apercevoir sur des animaux vivants. La peau tuméfiée par le réactif s'enlève par lambeaux, de la surface musculeuse du corps jusqu'à la limite des pieds (fig. 2). On voit alors la disposition des couches musculaires en même temps

---

[1] *Loco cit.*

[2] *Annals and Magaz. of Nat. Hist.*, 4e sér., II, 1873, p. 92, *Notocordal Rudiments in Glycera.*

que les diaphragmes de séparation d'un anneau à l'autre. Sur la limite des pieds se trouve un cordon nacré (*n*) qu'on peut détacher à l'aide des pinces. Voici sa disposition : si nous suivons ce cordon du côté droit, nous le verrons remonter vers le pavillon de la bouche : arrivé là, il contourne cette expansion, passe au-devant du tentacule droit et arrive ainsi sur la face dorsale ; il suit la lèvre supérieure, passe au-dessous du bouton cilié indiqué, pour se continuer sans interruption au-delà du tentacule gauche, revenir de nouveau sur la face ventrale et descendre vers la dixième paire de pieds. Là les deux bouts de ce cordon passent au-dessous de la cupule musculeuse qui représente les rames inférieures de cette paire de pieds. On peut les suivre plus loin entre les deux muscles ventraux, où ils se trouvent sur la ligne médiane et très rapprochés l'un de l'autre (fig. 8). Claparède les figure aussi sur les coupes du *Ch. variopedatus* au-dessus des muscles ventraux. Par conséquent, la chaîne nerveuse indiquée par M. Lespès n'existe pas sur le milieu de la portion céphalique, à moins que le *Chetopterus brevis* ne fasse exception.

Les ganglions cervicaux, à proprement parler, n'existent pas, du moins à la place où M. Lespès les indique, mais près des tentacules, où se trouvent les yeux. Claparède indique aussi sur ses coupes deux renflements qui correspondent aux ganglions cervicaux situés près de ces tentacules.

Yeux. — L'œil est le seul organe des sens que l'animal semble posséder. Si je le décris, c'est pour montrer ses relations avec le système nerveux.

Les yeux se présentent sous la forme d'une tache noirâtre-violacée sur le côté externe et antérieur de la base des tentacules. A cet endroit, quand on enlève le cordon nerveux, blanc, on détache aussi l'œil. Sous le microscope on constate à ce niveau un renflement du cordon à peine sensible, sur lequel repose la tache oculaire. Serait-ce là un ganglion cervical ? C'est possible.

L'épithélium stratifié de la peau recouvre le renflement, de même que l'œil, au-devant duquel il passe. Chaque tache oculaire se présente sous la forme d'une massue, supportée par une baguette qui s'implante dans le cordon nerveux. Tout cet amas est formé par des cellules qui ressemblent beaucoup aux bâtonnets de la rétine d'un vertébré. En effet, sur le pédicule on peut constater de petits filaments, surmontés par de larges plaques très pigmentées, qui se recouvrent les unes les autres et sont placées en file. L'œil consiste donc : en une accumulation de plusieurs rangées de ces cellules en bâtonnets, reposant directement sur le renflement correspondant du système nerveux, et à leur surface se trouve un épithelium pavimenteux encore pigmenté.

B. NUTRITION. — Pour ce qui concerne l'appareil digestif et l'appareil respiratoire, il n'y a rien à dire. L'appareil excréteur sera le sujet de l'article suivant. Il resterait à parler de l'appareil circulatoire. Tout ce qu'il m'a été possible d'y voir se résume en un vaisseau sanguin suivant le bord inférieur de l'intestin. Or, comme dans les vésicules de la région moyenne, le tube digestif se contourne en une anse (fig. 7) soutenue par un mésentère, c'est suivant le bord de son insertion que se trouve le vaisseau cité. Enfin, on voit avec un peu de difficulté deux autres vaisseaux sur les côtés de l'intestin dans le premier anneau de la région moyenne.

ARTICLE 2. — ORGANES DE LA REPRODUCTION ET DE L'EXCRÉTION.

Ces organes ont été étudiés d'abord par Claparède[1], ensuite par M. Lespès[2]; et si l'on compare les figures données par ces auteurs avec les miennes, on voit tout de suite des différences.

Pour bien comprendre ces organes, très difficiles d'ailleurs, nous les étudierons dans l'ordre suivant :

1° *Corps de Bojanus et organes segmentaires dans la région moyenne ;*

2° *Glandes génitales dans la même région ;*

3° *Ces trois sortes d'organes dans la région abdominale ;*

4° *Comparaison entre mes descriptions et celles des auteurs cités plus haut.*

§ 1. *Corps de Bojanus et organes segmentaires (région moyenne).*

Chez le Chétoptère nous suivrons une autre marche, car les organes segmentaires sont intimement unis aux corps de Bojanus.

Il faut aussi, pour saisir mes explications, observer les figures et avoir toujours présente à l'esprit l'organisation des poches, car il est très difficile de bien exposer les faits qui vont suivre ; d'autant plus que je m'exprime dans une langue qui n'est pas la mienne.

1° *Anatomie.* — Prenons la première poche vésiculeuse de la région

[1] *Struct. des ann. sédent.* Genève, 1875.
[2] *Loc. cit., Ann. Sc. Nat.*

moyenne et examinons d'abord sa face postérieure. On verra sans
difficulté, de chaque côté de la ligne médiane, et sur la limite de la
cavité centrale et de la cavité périphérique, une toute petite saillie
blanchâtre avec un petit pore au sommet. C'est l'orifice externe des
corps de Bojanus (c) (fig. 1 et 4, pl. XXVI).

En même temps, on aperçoit par transparence, et sur les parties
latérales, une poche très plissée (o) (fig. 1 et 4) un peu jaunâtre ; et,
plus en arrière, une partie blanchâtre qui paraît être en continuation
avec la poche qui fait un peu saillie en dehors. La poche n'est autre
chose que l'*organe segmentaire*, et la partie blanche saillante est le
corps de Bojanus. Pour bien examiner ces organes, il faut faire deux
dissections, très minutieuses : l'une latéralement de l'extérieur à
l'intérieur; l'autre en sens inverse.

a. *Partie externe* (fig. 4). — A l'aide de pinces très fines, on déchire
la paroi d'une des vésicules médianes, un peu au-dessus de la tache
(o), puis on écarte les deux parois en déchirant les nombreux trabécules qui les réunissent et l'on aperçoit à l'intérieur des cavités latérales, près de la base de la vésicule, une poche très plissée (o) qui
communique avec un tout petit corps blanchâtre (c) (fig. 9) fixé très
intimement à la paroi postérieure de la vésicule. Toujours à l'aide
des pinces on constate aisément que la poche est molle, compres-
sible, tandis que la partie blanche est dure et résistante; les pinces
glissent sur sa surface.

Les organes indiqués se trouvent dans les cavités latérales.

b. *Partie interne*. — Une fois que nous nous sommes rendu compte
de la position de ces poches, procédons à un autre examen plus
délicat.

Fendons une vésicule par sa partie moyenne; immédiatement
l'anse intestinale fera hernie par la plaie. Écartons les deux lèvres de
l'incision, fixons-les avec des épingles sur du liège au fond d'une
cuvette à dissection, puis rabattons de côté l'anse intestinale (i) fixée
déjà par le mésentère (m) (fig. 7). Je suppose ces préparations faites
du côté droit. Nous pouvons examiner ainsi plus commodément la
face interne du côté gauche telle que nous l'indique la figure ci-jointe.
On voit alors sur cette face une fente (p) transversale, placée plus
près du bord antérieur que du bord postérieur. Elle est susceptible
de s'élargir ou de se resserrer, suivant l'état de contraction des parois musculeuses au milieu desquelles elle se trouve. C'est le pavillon
de l'organe segmentaire.

Ceci dit, on comprend de suite quelle doit être la forme de cet organe. D'abord, le pavillon se trouve sur les parois latérales de la cavité centrale avec laquelle l'organe segmentaire communique. Au pavillon fait suite une poche très plissée située dans une des chambres latérales de la vésicule. Cette poche se porte en arrière et débouche dans un autre organe en forme de tube blanchâtre et recourbé : c'est le *corps de Bojanus*. Par l'intermédiaire de celui-ci, l'organe segmentaire débouche au-dehors sur la face postérieure de la vésicule.

Maintenant, détachons ces deux organes des parois de la cavité et examinons-les à part (fig. 9). On voit alors qu'à l'intérieur de l'organe segmentaire, il y a un grand nombre de franges, partant du pourtour du pavillon (*p*) en s'irradiant vers l'extrémité postérieure de la poche. Là les parois de l'organe s'insèrent sur un tube (*c*), perforé à ses deux extrémités. Par sa partie antérieure, la cavité de ce dernier communique avec celle de l'organe segmentaire, sa partie postérieure s'ouvre au dehors, après que le tube a traversé la paroi postérieure de la vésicule.

Tout l'intérieur des deux organes est tapissé par un épithélium pavimenteux ciliaire. Le courant des cils, excessivement vif, se dirige du côté du pavillon, vers l'extrémité postérieure.

On comprend dès lors que les œufs, une fois recueillis par le pavillon, seront entraînés vers l'extérieur par le courant ciliaire.

2° *Structure*. — L'organe segmentaire a des parois assez résistantes constituées par des fibres musculaires très délicates, et un tissu conjonctif très abondant. L'épithélium est pavimenteux et ses cellules renferment des globules assez volumineux qui contiennent eux-mêmes un ou deux noyaux. Il faut varier l'objectif pour bien les voir (fig. 11 et 12).

Les parois du corps de Bojanus sont assez musculaires ; elles sont épaissies par la présence d'un épithélium d'une structure toute particulière. C'est un tissu formé de cellules allongées (fig. 10), à granulations très fines, se gonflant énormément dans l'acide chromique et donnant à l'organe une dureté considérable.

En résumé :

« Dans la région moyenne du corps, les organes segmentaires sont en union intime avec les corps de Bojanus. Les premiers sont fixés sur les derniers, fait déjà observé chez l'Arénicole et chez la *Terebella gigantea*.

« Ces deux organes sont situés dans les cavités latérales des trois
poches vésiculeuses, et appliqués contre la paroi qui sépare ces cavités de celle qui est au centre.

« Enfin, les organes segmentaires s'ouvrent dans la chambre intestinale, et par l'intermédiaire des corps de Bojanus s'ouvrent au dehors
sur la face postérieure des vésicules. »

§ 2. Glandes génitales mâles ou femelles.

Dans la région moyenne les glandes génitales sont situées dans la
chambre centrale de chaque côté de l'ntestin.

1° *Anatomie.* — Les glandes génitales, testicules (σ), ou ovaires (φ)
sont situées par paire dans chaque poche vésiculeuse. Leur forme
est bien curieuse. Ce sont deux tubes très longs, contournés, fixés
par une de leurs extrémités de chaque côté du tube digestif, l'autre
extrémité restant libre (fig. 7 et 15). Les œufs naissent à l'intérieur
de ces tubes, de sorte qu'au moment de la ponte, ceux-ci sont très
gonflés et distendus par les œufs. A un moment donné, ces produits tombent dans la chambre péri-intestinale pour être recueillis
par les organes segmentaires et évacués au dehors. Après la ponte,
le tube s'affaisse, s'amincit et devient à peine visible au fond de la
chambre.

2° *Structure.* — Au microscope on constate que les parois du tube
sont assez épaisses (fig. 16), et qu'à l'intérieur se trouve une substance amorphe qui sert à la production des œufs ou des cellules
mères spermatiques.

Ovaire. — Si c'est un ovaire (fig. 16), on voit autour des noyaux de
la masse protoplasmique se limiter autant de cellules qu'il y aura
d'œufs. Elles sont d'abord transparentes et très petites, plus tard des
granulations apparaissent à leur intérieur ; bientôt on distingue aussi
la vésicule germinative et les œufs s'entassent pour devenir libres à
un moment donné et mûrir ensuite. Leur vitellus alors est excessivement granuleux et la membrane vitelline assez visible (fig. 17).

Testicule. — Si c'est un testicule, les parois du tube ont la même
structure que celle de l'ovaire. La masse protoplasmique primitive
se sépare en petites bosselures qui sont autant de cellules mères
spermatiques. Ces cellules s'entassent dans l'organe et ne tardent
pas à laisser voir à l'intérieur de toutes petites granulations qui
correspondent à autant de spermatozoïdes. Une fois que les cellules

mères sont en liberté, les spermatozoïdes se désagrègent par résorption de la paroi cellulaire et commencent à se mouvoir dans la cavité viscérale.

Les spermatozoïdes sont très petits. Il faut au moins un grossissement de 580 diamètres pour bien les voir. Leur tête est, comme toujours, conique ; leur queue, très grêle, est assez longue.

De ces faits il résulte que les glandes génitales sont tout à fait séparées des organes segmentaires. C'est là quelque chose de fort important qui démontre bien la séparation des fonctions de ces différents organes.

§ 3. Organes de la reproduction et leurs annexes, dans la région postérieure.

Dans la région abdominale, on trouve une paire de ces trois organes dans chaque anneau. Nous les avons déjà étudiés dans la région moyenne ; l'organisation et la structure sont les mêmes dans la région postérieure ; ce qui diffère, c'est la disposition de la chambre viscérale.

Ici, comme nous l'avons déjà dit, la cavité centrale, remplie par l'intestin, communique directement avec les cavitées creusées dans les rames dorsales des pieds.

C'est contre la paroi postérieure de chaque paire de pieds que se trouvent attachés l'organe segmentaire (o) (fig. 13 et 14) et le corps de Bojanus (c). Si l'on regarde la face postérieure de chaque rame, on voit par transparence une partie blanchâtre, courbée légèrement en u, et qui n'est autre chose que le corps de Bojanus. Cette partie est située dans la paroi même ; un tout petit pore indique son ouverture à l'extérieur. Si l'on observe maintenant une de ces rames par sa face latérale, on voit au-dessus de la masse blanchâtre une autre masse très plissée, plus large, jaunâtre et encore attachée à la paroi du corps ; c'est l'organe segmentaire. Enfin, toujours par transparence, on voit une partie plus ou moins contournée, jaunâtre, qui est l'ovaire ou le testicule.

Si l'on fend maintenant par la face dorsale (fig. 14) un de ces pieds, on voit sous la loupe que les glandes génitales sont sur les côtés de l'intestin (g), et que les organes d'évacuation sont contre la paroi postérieure, dans la cavité des pieds.

Pour arriver à ces résultats, il faut beaucoup de patience et d'habitude. Malgré la rareté de ces animaux et la difficulté de leur dissection, je me suis convaincu maintes fois de la vérité de ces faits.

§ 4. *Comparaison entre les études de Claparède et de M. Lespès sur le Chétoptère et les miennes.*

Claparède figure l'organe segmentaire du *Chetopterus variopedatus*, d'après des coupes faites dans la région abdominale. Il dit que l'organe segmentaire se compose de deux parties. D'abord, un canal tortueux en bas ayant les concrétions indiquées plus haut et qui, sans doute, sert à une secrétion quelconque. La partie supérieure, également tortueuse, mais sans concrétions, se colore en rouge par la fuchsine ; elle est destinée à saisir les éléments reproducteurs. Enfin au-dessus de ces tubes et dans la même cavité se trouve l'ovaire ou le testicule.

Donc, d'après ce que ce savant avance, il résulte :

1° *Que l'organe segmentaire est double ;*

2° *Que chaque partie de cet organe présente des différences fonctionnelles et histochimiques ;*

3° *Que l'ovaire se trouve dans la même loge que ces organes.*

Mais comment ces produits sont-ils saisis ? Comment sont-ils évacués ? Les figures données dans les planches paraissent consacrer une erreur dont je vais chercher à expliquer la cause. Toutes les fois qu'on veut durcir un animal, il est impossible que toutes ses parties deviennent également dures. Ceci est un fait incontestable, quel que soit le réactif employé. La coupe représentée, étant faite dans la région abdominale, le rasoir a entamé une portion du corps de Bojanus, de l'organe segmentaire et de l'ovaire. De là cette superposition de deux tubes contournés, mal délimités. Ensuite, comme les œufs sont sortis du tube ovarien, ils se sont dispersés çà et là, ce qui du reste a été dessiné. Ceci prouve l'insuffisance des coupes employées seules. Loin de se contenter de ce procédé, il faut ensuite chercher ces organes par la dissection et cela dans les différentes parties du corps. J'ai donc bien fait de décrire ces organes dans les deux régions. On n'a qu'à comparer maintenant pour voir le contraste. Et puis mes descriptions ne rattachent-elles pas cette manière d'être de l'organe segmentaire à celle étudiée déjà chez les autres Annélides sédentaires ?

Si nous passons maintenant aux descriptions de M. Lespès, nous verrons qu'il a décrit au contraire les organes qui nous occupent dans la région moyenne. On peut dire tout de suite que l'auteur a vu certains faits, mais ses descriptions laissent beaucoup à désirer.

Il décrit d'abord une cavité particulière qu'il appelle sexuelle, située de chaque côté de la chambre intestinale, et entourée d'une autre cavité plus externe commune. C'est dans les cavités sexuelles qu'il place d'une part l'ovaire sous forme d'une traînée jaunâtre et plus en dehors l'organe segmentaire, lequel s'ouvre par un pore sur la face postérieure. Quant à la forme de ce dernier organe, elle nous paraît inexactement figurée.

Il y a là, comme on voit, quelque chose qui se rapproche de la vérité, mais ce sujet nous paraît mériter une étude plus approfondie, plus suivie, que j'espère avoir menée à bien.

ARTICLE 3. — FÉCONDATION ET DÉVELOPPEMENT.

Dans cet article il sera question d'un phénomène que j'ai observé en faisant des fécondations artificielles. Du reste M. de Quatrefages a fait sur les Hermelles des observations semblables, quoique différant un peu des miennes, comme on en jugera par les faits qui suivent.

En effet, ce savant a remarqué des mouvements à l'intérieur de l'œuf avant la fécondation. D'abord c'était un globule transparent rejeté par la masse vitelline, qui tournait autour d'elle, puis un mouvement continuel de déplacement dans les granulations qui composent cette masse.

J'ai observé des phénomènes presque semblables après une fécondation artificielle. On peut distinguer trois séries de mouvements vitellins bien caractérisés, suivant qu'un, deux ou trois globules s'échappent de la masse vitelline.

Après ces phénomènes vient une période de repos assez longue, suivie de la segmentation du vitellus. Donc, pour procéder méthodiquement, nous avons à étudier :

A. La fécondation ;

B. Les mouvements vitellins ;

C. La segmentation.

A. *Fécondation.* — Au mois de mai, les Chétoptères ont leurs glandes génitales complètement développées. A l'extérieur il est

7

très facile de distinguer les mâles des femelles, les premiers ayant leur région abdominale d'un blanc de lait, tandis que les dernières l'ont d'une couleur gris-jaunâtre. Il suffit de piquer un anneau des uns ou des autres pour avoir des spermatozoïdes ou des œufs en grande quantité.

Le 17 mai 1878, nous avons fait une fécondation artificielle en procédant de la manière suivante :

Dans une cuvette pleine d'eau de mer, nous avons laissé couler des œufs et des spermatozoïdes obtenus par l'incision de plusieurs anneaux, mélange qui rendit l'eau trouble et blanchâtre. Une partie de cette eau fut mise dans un verre de montre peu profond et portée sous le microscope, tandis que le reste fut placé sous un courant d'eau très lent.

Les observations, commencées à neuf heures et demie du matin, furent continuées toute la journée jusqu'à minuit.

Les œufs du *Ch. Valencinii*, assez grands, ont une vésicule germinative manifeste, au centre de laquelle se voit la tache : le vitellus est très granuleux. Les spermatozoïdes ont une tête conique et une queue très longue.

Une fois que les œufs et les spermatozoïdes sont en présence, ces derniers commencent à entourer les œufs en leur donnant des coups de tête. Je n'ai pu voir s'il y a un micropyle et si un ou plusieurs de ces animalcules pénètrent dans chaque œuf. Le premier fait qu'on observe, c'est que la vésicule germinative pâlit : un quart d'heure après, on n'en voit plus trace, tout l'intérieur de l'œuf étant devenu sombre. Un court repos suit immédiatement cette période.

B. *Mouvements vitellins*. — Après que la fécondation a eu lieu, la masse vitelline se retracte vers le centre de l'œuf et c'est alors qu'apparaissent les premiers mouvements qui se font avec une rapidité remarquable. Nous avons dit que trois cas pouvaient se présenter.

1º En un certain point de la circonférence, dans le segment supérieur[1], on voit d'abord un petit globule transparent qui tourne à la périphérie de la masse vitelline de gauche à droite. Quand il se

---

[1] Je désigne par segment inférieur l'hémisphère de l'œuf tourné vers l'observateur ayant l'œil sur le microscope; par segment supérieur, l'hémisphère opposé. Je n'attache aucune autre importance à ces expressions, qui ne sont employées ici que pour faciliter une description difficile.

rapproche de son point de départ, le globule se gonfle et un filet
granuleux de la masse vitelline pénètre à son intérieur et le remplit. Il semblerait qu'une cloison sépare le globule primitif de la
masse vitelline contre laquelle il est appliqué.

2° Cette première série de phénomènes est suivie d'un repos.
La cloison devient de moins en moins distincte et la masse du
globule semble se fondre de plus en plus dans la masse vitelline.
A ce moment un second globule apparaît, toujours dans le segment supérieur, et descend vers le segment inférieur, tandis qu'un
troisième se forme à côté du second. Bientôt les deux globules se
confondent en un seul, qui commence à tourner de droite à gauche
autour du vitellus rétracté, et qui, parvenu près de son point d'origine,
se remplit de granulations qui lui arrivent du vitellus. Il semble
alors que le globule ainsi constitué s'applique en s'aplatissant sur
le reste du vitellus, et qu'une cloison l'en sépare, après quoi un
nouveau repos suit.

3° Ce globule s'étant fondu comme le premier dans la masse du
vitellus, un nouveau petit globule transparent apparaît sur le côté
et non à la base du segment inférieur. Il descend à droite et
remonte à gauche vers le segment supérieur. Sur ce dernier naissent
l'un après l'autre et à droite deux autres petits globules un peu
transparents qui vont à la rencontre du premier de droite à gauche.
Cette rencontre a lieu vers le sommet de la masse vitelline, et en
ce point les trois globules se fondent en un seul. Puis le vitellus
pénètre à l'intérieur de ce dernier et tout rentre en repos, l'œuf
reprenant alors son aspect primitif.

Ainsi donc, premièrement le vitellus rejette un globule qui descend dans un sens et disparaît ensuite, puis deux globules qui
tournent en sens contraire et disparaissent de même, enfin en dernier lieu trois globules dont l'un va dans un sens, les deux autres
en sens contraire, et qui finalement se confondent en un seul, puis
avec la masse vitelline.

Il m'a semblé bon de signaler ces phénomènes, qui trouveront
sans doute leur explication quand de nouvelles observations de ce
genre se seront multipliées.

C. *Segmentation.* — Les mouvements vitellins finirent vers cinq
heures du soir, et de dix heures à minuit les œufs observés ne mon-
trèrent plus de changement. Le lendemain, à neuf heures du matin,
les premiers indices de la segmentation se manifestèrent. La masse

vitelline qui remplissait la veille tout l'intérieur de l'œuf commença à se rétracter de nouveau vers le centre, et bientôt une cloison la sépara en deux cellules. J'ai vainement employé l'acide chromique et le carmin pour voir si un nucléus précédait la division, les œufs se dissolvaient immédiatement. La cellule inférieure grandit beaucoup et arrive à toucher la paroi vitelline ; la supérieure s'accroît également et se divise en deux cellules qui à leur tour se partagent en deux autres, de sorte qu'à ce moment-là l'œuf renferme une cellule inférieure très grande, surmontée de quatre supérieures plus petites.

Après un certain temps, la segmentation commence dans la cellule inférieure, deux cellules symétriquement placées parmi les quatre supérieures se segmentant aussi, l'œuf observé de face par sa partie supérieure montre six cellules limitant une portion centrale, où plus tard sera la bouche de l'animal. Ensuite les deux cellules supérieures qui n'ont pas pris part à la segmentation se segmentant à leur tour, on a huit cellules autour de la bouche.

La segmentation est bientôt terminée et tout l'intérieur de l'œuf est rempli par un amas de grosses cellules pourvues d'un nucléus qui devient de plus en plus manifeste.

Les œufs arrivèrent à cet état à la fin de la journée. Le lendemain, la plupart d'entre eux se déformèrent ; de circulaires qu'ils étaient, ils devinrent un peu allongés et des cils apparurent à leur surface. L'embryon, à peine ébauché, commençait à tourner un peu. C'est par la partie inférieure que l'œuf s'est allongé ; à la partie supérieure se forma une dépression, ensuite apparut un petit tubercule qui s'allongea un peu. Enfin, trois jours après la fécondation, l'embryon était entièrement constitué.

Il se présente à peu près comme une sphère ciliée sur toute sa surface et ayant un cil très long à l'opposé du tubercule oral.

Mes observations se sont arrêtées là, car, pendant la nuit, tous les embryons se sont échappés de la cuvette.

Les faits que je viens d'énumérer brièvement m'ont paru assez intéressants pour prendre place ici. Du reste, je ne me suis pas restreint dans ce mémoire à des observations sur les organes segmentaires ou les glandes génitales ; mais j'ai cru devoir ajouter sur l'organisation de ces animaux les faits qui m'ont semblé intéressants.

CHAPITRE V.

Dans cette famille, j'ai plus particulièrement étudié la *Sabella arenilega* et la *Myxicola modesta*.

Pour la facilité des descriptions *des organes segmentaires, des corps de Bojanus et des glandes génitales*, il faut nous arrêter un peu sur la forme du corps et sur le mode d'arrangement des différents organes.

Article 1. — de l'animal.

Pour aller plus rapidement, ces deux genres seront examinés en même temps. Du reste, il y a beaucoup de ressemblance dans la disposition des couches musculaires et des différents appareils.

La *Sabelle* vit dans la vase et habite un tube parcheminé très résistant, couvert de quelques grains de sable, surtout dans la portion enfoncée en terre.

La *Myxicole* habite un tube gélatineux, très épais, également enfoncé dans la vase. Pour trouver ces deux espèces à Roscoff (plage de Penpoul), il faut aller les chercher aux grandes marées. Le tube de gélatine semble formé de plusieurs couches superposées, et quelquefois on trouve un ou deux tubes accolés l'un à l'autre, habités chacun par une Myxicole, ou deux individus dans un même tube.

Après cet aperçu très rapide, voyons le corps, le tube digestif, l'appareil circulatoire, etc.

§ 1. *Corps.*

a. *Extérieur.* — A l'extérieur, une Sabelle se laisse facilement reconnaître, de sorte qu'il est aisé de la mettre en position. Il n'en est pas de même pour la Myxicole. L'une et l'autre ont le corps annelé, la bouche et l'anus terminaux et point de tête distincte. L'orifice buccal est entouré de longs cirres appelés *branchies*.

Examinons maintenant un pied de plus près, car l'organisation de cet organe est nécessaire à connaître pour bien comprendre les organes segmentaires.

Un anneau du corps chez une Myxicole se compose de deux segments, dont l'un antérieur, sétigère, est plus volumineux que le postérieur plus étroit et non sétigère, de sorte que le corps devient manifestement annelé. Sur les parties latérales et sur les grands segments, il existe une rangée de soies à crochets, et au-dessus, à une certaine distance, un tout petit faisceau de soies en forme de poils. Ce dernier constitue la rame supérieure et la rangée à crochets la rame inférieure. Sur la ligne de séparation des deux anneaux et à un niveau correspondant à la ligne d'insertion des mamelons sétigères se trouve un point noir (*p*): à l'examen microscopique, on constate un pore, qui est l'ouverture externe de l'organe segmentaire, et tout autour sont des cils vibratiles qui éloignent les granulations, et par conséquent servent à empêcher l'obstruction des pores. Claparède, en parlant de la *Myxicola infundibulum* (laquelle ne me semble guère distincte de celle-ci), décrit en arrière des soies des taches oculaires avec cristallin et cornée. Je ne pourrais pas répondre à ses assertions ; du reste, il me semble que les auteurs ne décrivent pas les deux rames.

Un anneau du corps d'une *Sabelle* présente encore une paire de pieds biramés. La rame supérieure est formée d'un mamelon porteur d'un faisceau de longues soies, et pourvu à son sommet de plusieurs bandes musculaires (*r*). L'inférieure, plus volumineuse, est formée de deux lèvres, l'une antérieure, l'autre postérieure. Celle-ci est garnie de haut en bas d'une rangée de soies à crochets (*r'*). La lèvre antérieure en est dépourvue. Mais si l'on observe au microscope cette lèvre, on voit d'abord à l'intérieur un lacis vasculaire des plus riches, fait cité par M. Milne-Edwards[1], et à la surface de la lèvre une garniture de cils vibratiles qui entretiennent un courant très fort. En raison de cette disposition anatomique on ne peut douter que le sang qui circule dans ce lacis ne respire.

Entre les deux lèvres on trouve encore un petit point noir. C'est l'ouverture externe de l'organe segmentaire. Les œufs, en sortant par le pore indiqué, sont entraînés par le courant ciliaire très vif qui existe là.

b. *Intérieur*. — Deux faits méritent particulièrement l'attention :

1° La cavité du corps est dans toute sa longueur divisée par des diaphragmes en autant de chambres qu'il y a d'anneaux. Ces cloi-

[1] *Ann. Sc. Nat.*, 2ᵉ sér., t. X.

sons empêchent toute communication entre deux compartiments voisins;

2° Si l'on arrive à disséquer les couches musculaires sans entamer le péritoine, on constate que ce dernier, de couleur jaune terre de Sienne, enveloppe complètement tous les organes internes et ressemble à un cylindre coloré s'étendant dans toute la longueur de l'animal. Ce fait s'observe facilement, surtout chez les Myxicoles.

Sur des coupes transversales, on constate au-dessous de la peau (p) une mince couche musculaire à fibres circulaires (m), et en dedans de celle-ci une seconde à fibres longitudinales bien plus développée (m'). Cette dernière se compose de quatre gros muscles, dont deux dorsaux et deux ventraux, limitant ainsi la chambre viscérale. Celle-ci n'est point cylindrique, parce que les muscles s'avancent beaucoup vers le centre (fig. 3).

Chez les *Sabelles*, on voit sur la face ventrale deux boucliers glanduleux très épais, séparés par une fissure extrêmement ciliée (b).

Immédiatement après cet aperçu, nous devrions passer en revue le système nerveux; mais M. de Quatrefages l'a bien étudié et pour les faits qui nous intéressent il n'a point d'importance.

§ 2. *Organes de la nutrition.*

a. *Tube digestif.* — Il s'étend dans toute la longueur du corps et il est étranglé à chaque diaphragme (d).

Ce tube est fixé contre la voûte de la chambre par une membrane (m) en forme de mésentère, et c'est autour de lui que l'appareil circulatoire est disposé.

b. *Appareil circulatoire.* — Claparède[1], qui l'a beaucoup étudié chez les Serpuliens, donne des descriptions toutes différentes de celles de M. Milne-Edwards. Les résultats auxquels je suis arrivé se rapprochent davantage de ceux du dernier auteur. En effet, le premier nie l'existence d'un vaisseau dorsal, mais il décrit un sinus sanguin péri-intestinal qui chasserait le sang par ses contractions d'arrière en avant. Il est pourtant facile de se faire une idée du mode d'arrangement de cet appareil.

Chez une Myxicole vivante ou plongée pendant trente-six heures

---

[1] *Annélides Chétop.* (de Naples).

dans l'acide chromique, on constate un vaisseau sus-intestinal (*c*),
qui devient en arrière sous-intestinal et double, et un double vaisseau central ou sus-nervien.

1° *Vaisseau dorsal.* — Ce vaisseau s'étend depuis l'œsophage jusqu'à la moitié du corps. Il est d'abord situé au-dessus du tube digestif, appliqué contre lui, et engainé par le mésentère qui suspend
cet organe. En avant, il entoure l'œsophage en formant un très large
sinus facile à découvrir. Plus en arrière, le vaisseau dorsal se bifurque, descend sur les parties latérales du tube digestif, et chacune
des branches se réunit en tronc unique au-dessous de lui.

Du vaisseau dorsal naissent latéralement des artères qui cheminent
sur les parois du tube digestif en s'anastomosant entre elles, limitant
des îlots plus ou moins larges. Ces îlots sont tellement vasculaires,
que les parois du tube digestif semblent un véritable lacis sanguin.
On pourrait s'expliquer jusqu'à un certain point l'erreur de Claparède en supposant qu'il a fait passer la coupe par un de ces vaisseaux
latéraux primitifs.

2° *Vaisseaux ventraux.* — Ils s'étendent dans toute la longueur du
corps et sont très rapprochés l'un de l'autre.

Les branches latérales qui mettent en communication ces deux
troncs vasculaires avec le tronc dorsal sont importants à connaître.

Du tronc dorsal part de chaque côté une artère (*a*) qui se porte en
dehors, descend en bas, puis, se recourbant en dedans, gagne le
tronc vasculaire ventral correspondant (*a'*). Dans tout son trajet, l'artère est appliquée contre une cloison diaphragmatique. Au moment
où, parvenue à la région ventrale, elle se recourbe en dedans, elle
envoie des branches aux pieds.

Chez les *Sabelles*, on trouve à peu près la même disposition. Du
milieu de l'anse vasculaire, qui met en communication le vaisseau
dorsal avec le vaisseau ventral correspondant, naît l'artère qui va con-
courir à la formation du riche lacis vasculaire de la rame inférieure.
Les vaisseaux ventraux fournissent encore des artérioles aux muscles
et deux branches plus importantes qui vont se ramifier dans les boucliers ventraux (*b*).

Enfin, il est à remarquer que d'innombrables culs-de-sac sanguins, couverts de cellules pigmentaires, font saillie autour des vaisseaux. M. Milne-Edwards dit que ce sont probablement des glandes
sécrétoires. On pourrait plutôt penser que le sang se débarrasse de
quelques principes en passant à travers ces cellules. Cette interpré-

tation a plus de vraisemblance ; mais c'est une simple hypothèse, qui a besoin d'être vérifiée.

Il importait de préciser la disposition de l'appareil circulatoire avant de parler des glandes génitales et autres.

ARTICLE 2. — ORGANES EXCRÉTEURS ET GLANDES GÉNITALES.

Les organes excréteurs sont faciles à reconnaître ; mais les glandes génitales, et surtout les organes segmentaires, sont excessivement difficiles à trouver. Il faut pour cela faire beaucoup de coupes sur des animaux vivants et les observer dans l'eau de mer. Les organes segmentaires dans cette famille n'ont jamais été vus, car tous les naturalistes, sans exception, ont pris comme tels les deux glandes pigmentées périœsophagiennes, considérées par d'autres comme des glandes génitales (Milne-Edwards). Claparède attribue une double fonction à ces glandes. Ce seraient des *glandes tubipares* et en même temps des organes servant à l'évacuation des produits de la génération.

Quand cet auteur a dit à propos du *Myxicola infundibulum* que les œufs peuvent être évacués par des pores latéraux, il disait vrai ; et il ne se trompait point, quand il a cru voir une *Sabelle* pondre.

§ 1. *Corps de Bojanus.*

Il n'y a qu'une paire de ces corps. Ils peuvent être rapportés à la paire pré-diaphragmatique des Térébelles. Ces poches sont situées chez les deux espèces que nous étudions de chaque côté de l'œsophage et débouchent de part et d'autre de l'entonnoir buccal. D'après Claparède, chez la Myxicole, la paire de poches débouche par un seul pore. Mais c'est une simple apparence, et en disséquant avec patience on parvient à reconnaître l'individualité de chaque poche.

Chez les Myxicoles les corps de Bojanus sont d'un noir très foncé. Du reste, l'appareil circulatoire tout entier est de cette teinte. Cette apparence est due au grand nombre de cellules pigmentaires qui couvrent de tous côtés les vaisseaux sanguins et non point au sang, qui est vert.

La structure de ces poches est analogue à celle que nous avons déjà vue chez d'autres animaux. En effet, leurs parois sont parcourues en tous sens par du sang et l'épithelium cilié qui tapisse leur intérieur est très pigmenté. Sans aucun doute ces poches sont les homologues des corps de Bojanus des autres Annélides sédentaires. Claparède dit qu'elles servent à la production du tube gélatineux qui sert de demeure à l'animal. Mais il m'est arrivé de couper le corps d'une Myxicole en deux, et l'extrémité postérieure ainsi détachée ne cessait de s'entourer d'une mince couche gélatineuse.

Par conséquent, il est probable que les glandules de la peau sécrètent cette glaire durcie par le contact de l'eau et qui forme leur tube.

Chez les Sabelles les organes de Bojanus sont également situés à la partie antérieure du corps et s'ouvrent par un pore propre à chacun d'eux (c) (fig. 2). Les poches qui les représentent sont bien plus longues que chez les Myxicoles, et pour se faire une idée exacte de leur forme, il leur faut considérer deux extrémités, deux bords et deux faces.

a. Les faces sont convexes, l'une regarde en haut, l'autre en bas.

b. Les extrémités diffèrent. L'antérieure s'atténue en un tube long qui s'ouvre au dehors sur les parties latérales des branchies céphaliques. Si l'on regarde de face l'entonnoir buccal, on voit deux points noirâtres qui correspondent à ces pores.

L'extrémité postérieure de chaque poche est en massue et dépourvue de toute ouverture ou pavillon, comme le veut Claparède.

c. Les bords de la poche sont différents. Celui qui regarde l'œsophage est à peu près droit, suivant un peu les ondulations de ce dernier. Mais le bord externe est prolongé en diverticulums bifurqués qui pénètrent dans la base des pieds. Sur le bord interne, on voit une foule de petits vaisseaux qui se rendent dans les parois de la poche pour s'y ramifier. Ces vaisseaux proviennent du sinus œsophagien.

L'épithélium qui tapisse l'intérieur des corps de Bojanus est stratifié, pigmenté et ciliaire. Le courant intérieur est dirigé du fond de la poche vers l'embouchure externe.

§ 2. *Organes segmentaires.*

Jusqu'à présent il nous a été facile de voir les organes segmentaires, mais chez les Annélides de cette famille il n'en est plus ainsi, leur corps étant très étroit et très musculeux.

a. Situation. — Les organes segmentaires chez ces animaux sont

disposés par paire dans chaque anneau à partir du milieu du corps,
vers la région caudale.

b. *Forme*. — Leur forme est celle qu'on trouve partout, c'est-
à-dire qu'ils se composent d'un pavillon cilié, suivi d'un long tube
qui plonge par son extrémité inférieure dans la paroi du corps et
s'ouvre au dehors.

c. *Arrangement*. — Pour bien comprendre l'arrangement de ces
organes, il faut faire des coupes transversales et des préparations
qui nous présentent l'animal ouvert par le dos.

Dans les deux procédés employés on constate que l'organe segmentaire est accolé à la face postérieure de chaque cloison diaphragmatique. Son pavillon est formé par deux lèvres : l'une supérieure,
appliquée contre le muscle dorsal correspondant, et l'autre inférieure, contre le muscle sous-jacent (*o*) (fig. 3, pl. XXVII). Il est
suivi d'un tube qui passe au-dessous du mamelon sétigère de la rame
dorsale, arrive dans la cavité pédieuse, se porte au dehors et s'ouvre
par le pore indiqué plus haut.

Grâce à cette disposition du pavillon, on peut arriver à comprendre
les deux faits suivants : 1° lorsque l'animal est en mouvement et se
contracte, les masses musculaires de la couche interne (*m'*) se
rapprochent et le pavillon se ferme ; 2° lorsque l'animal est
immobile, comme par exemple pendant la ponte, les muscles
sont écartés, par conséquent le pavillon reste ouvert, et l'organe
segmentaire peut fonctionner.

Chez les Myxicoles les organes segmentaires ont tout à fait la
même disposition ; chaque anneau à partir du milieu du corps
a sa paire d'organes situés de chaque côté du tube digestif, appliqués
contre la face postérieure des diaphragmes. Mais leur délicatesse
est extrême, de sorte qu'il faut beaucoup de patience pour bien les
voir.

§ 3. *Glandes génitales.*

Les sexes dans les genres que nous étudions sont séparés. Mais
dans cette famille le genre *Spirorbe* est le seul qui renferme des
espèces hermaphrodites. Or, dans l'espèce qu'on trouve en abondance à Roscoff, *Spirorbis communis*, et qui ressemble beaucoup à
celle de Pagenstecher, j'ai reconnu encore l'hermaphrodisme.
Les œufs se trouvent dans la région moyenne du corps et les testi-

cules à la partie postérieure. Les spermatozoïdes se détachent par paquets. Ils sont accolés par leur tête et libres par leur queue, qui est assez longue. Il me semble que l'hermaphrodisme va se généralisant chez les espèces qui composent le genre *Spirorbis*.

Revenant aux genres *Sabella* et *Myxicola*, nous trouvons chez eux les glandes avec une netteté parfaite. Seulement c'est au mois d'août qu'il faut les chercher. Car, tant que les glandes sont en repos, il est impossible de les voir, vu que le tout consiste en une matière amorphe. Or, cette matière ne peut donner aucune idée d'un ovaire ou d'un testicule si les éléments ne sont point encore dessinés. Et lorsqu'on soumet des préparations à l'observation microscopique, on a sous les yeux d'innombrables cellules à granulations graisseuses, qui proviennent de l'épithélium du péritoine et empêchent de voir les glandes génitales. Une fois que les œufs commencent à se dessiner, la glande se reconnait. Ici encore il est impossible d'admettre que ce soient les cellules qui tapissent les vaisseaux, ou celles du péritoine (comme le veulent beaucoup de naturalistes) qui donnent naissance aux œufs ou aux spermatozoïdes.

En effet la glande se trouve annexée au vaisseau latéral inférieur (*g*) (fig. 1) : sous le microscope elle semble formée d'un grand amas d'œufs plus ou moins comprimés (fig. 4). En arrachant le vaisseau latéral supérieur, qui est aussi tapissé de granulations, on n'y trouve rien de comparable à une glande. La même chose a lieu pour la branche de communication des deux vaisseaux latéraux, ainsi que pour les gros troncs vasculaires. Arrachons par portions le péritoine couvert de cellules graisseuses, celles-ci vont se désagréger par compression ; employons les plus forts grossissements et nous ne verrons rien qui ressemble à un œuf ou à une cellule mère spermatique. Ces faits se reproduisent à chaque instant, et comme nous le verrons bientôt, même chez les Néréides, Aphrodites et autres Errants qui ont servi de base aux théories énoncées par les naturalistes, il y a des glandes à situation fixe, et le tissu graisseux, épithélial ou autre, n'a rien à faire avec la production des œufs ou des spermatozoïdes.

Telle est la position des ovaires et des testicules chez les deux genres que nous étudions. Les œufs des Myxicoles sont verts. Les individus mâles se distinguent, à la maturité de leurs produits, par leur coloration plus claire que celle des femelles. En effet, les spermatozoïdes, libres dans les cavités des anneaux, forment une substance lactescente qui donne plus de clarté au ton pigmenté du corps.

Les œufs de ces animaux ont souvent une double tache germinative.

Les spermatozoïdes sont bien plus grands que ceux des Arénicoles ou des Térébelles. La tête est toujours conique et la queue assez longue.

J'ai essayé des fécondations artificielles sur les œufs des Myxicoles pendant mon séjour à Roscoff et les faits précédant la segmentation chez le Chétoptère se sont répétés exactement.

CHAPITRE VI.

FAMILLE DES CLYMÉNIENS.

(Pl. XXVII, fig. 8-13.)

Sur les plages de Roscoff, on trouve plusieurs espèces de Clyménies. Les observations qui suivent ont été faites sur une grosse espèce trouvée en 1878, au mois de mai, sur la plage de Penpoull (Saint-Pol-de-Léon). Elle se rapproche de la *Clymenia zostericola*, mais je ne puis certifier ma détermination. La longueur du corps dépasse 40 centimètres, et on arrive avec beaucoup de peine à l'avoir tout entière. Elle vit dans le sable, près des prairies de zostères, dans un tube arrondi, courbé en *U* plus ou moins ouvert, ayant chacune des extrémités du tube située au centre d'un monticule. Les faits observés en 1878 sur les organes segmentaires et les glandes génitales furent vérifiés en 1879 pendant le mois d'août. Quoique ces glandes et ces organes soient semblables à ceux des espèces déjà étudiées, il est intéressant pour nous de les examiner de nouveau. Pour bien comprendre leur position, nous sommes forcés de donner un coup d'œil sur l'ensemble du corps de l'animal.

ARTICLE 1. — DE L'ANIMAL.

Extérieur. — Dans tous les ouvrages traitant des Clyménies, on a décrit la position des pieds dans les régions antérieure, moyenne et postérieure. Cette étude est nécessaire au point de vue de l'arrangement des corps de Bojanus et des organes segmentaires. Sur la figure 8, on voit après la tête trois anneaux non ouverts, dont les rames sétigères sont plus ou moins rapprochées des sillons antérieurs qui séparent les anneaux entre eux. Dans le quatrième et le cinquième anneau, les rames se rapprochent du milieu de l'anneau; dans le sixième et le septième, elles se rapprochent du sillon antérieur; dans le huitième, elles sont situées sur le sillon même de séparation; puis, dans la région postérieure, il y a de nouvelles variations qui ne nous intéressent point. Si l'on opère une traction sur la tête et sur chacun des trois premiers anneaux du corps, on voit chaque anneau tiré sortir comme d'une gaine de celui qui le suit. il n'y a pas de déchirure, mais un simple décollement des anneaux ainsi emboîtés les uns dans les autres. Le même fait s'observe sur les anneaux suivants, seulement il devient de moins en moins évident à mesure qu'on avance dans la région moyenne, et même nul vers la fin du corps.

Intérieur. — Les corps de Bojanus des Clyménies sont disposés par paires et sur leur extrémité antérieure sont accolés les organes segmentaires. On trouve dans le quatrième anneau une paire de corps de Bojanus qui se termine vers la région moyenne du cinquième, au niveau des rames correspondantes ; dans le cinquième anneau, une autre paire, commençant à son milieu et finissant vers l'extrémité antérieure du sixième. où se trouvent les pieds ; dans le sixième anneau, une troisième paire, ayant le même trajet que celle du cinquième ; enfin, dans le septième anneau et dans toute sa longueur, une quatrième paire, commençant vers son extrémité antérieure et s'arrêtant à son extrémité postérieure.

En conséquence, l'extrémité postérieure des corps de Bojanus se trouve là où sont les pieds, c'est là en effet que se trouvent les pores de sortie. Voilà pourquoi il est intéressant de connaître la position des rames. Ce n'est pas tout. Les trois premiers anneaux ne communiquent point entre eux, car des diaphragmes musculaires les séparent complètement ; en détachant ces anneaux, ils se décollent comme autant de boîtes enclavées les unes dans les autres. Ensuite, en faisant une coupe transversale, on voit facilement dans les autres anneaux les trois cavités tant de fois citées, à savoir : une médiane, la plus grande, renfermant le tube digestif, et deux autres latéro-inférieures, contenant les mamelons des rames sétigères, les organes rénaux et segmentaires et les glandes génitales. La séparation entre ces dernières cavités et la première se fait, comme toujours, à l'aide de fines bandelettes musculaires, dont on voit l'arrangement sur les figures ci-jointes. Enfin, si nous observons à l'extérieur et à l'intérieur la position du sillon de séparation de deux anneaux, le quatrième et le cinquième par exemple, nous verrons qu'ils ne se correspondent pas. La ligne de séparation à l'intérieur (*i*) est toujours située plus en arrière qu'à l'extérieur (*e*). Avec des pinces fines et sous la loupe, on peut décoller les deux anneaux et se convaincre que, dans la région antérieure du corps, les extrémités des deux anneaux juxtaposés sont taillées en biseaux ; l'antérieure aux dépens de la face externe, la postérieure aux dépens de la face interne, et qu'ainsi les anneaux s'articulent en quelque sorte entre eux. On verra bientôt l'utilité de la connaissance de ces faits.

Article 2. — Organes de l'excrétion et de la reproduction.

L'espèce que nous étudions possède quatre paires d'organes segmentaires attachés à autant de corps de Bojanus. Bien que nous soyons forcé de nous répéter, il faut pourtant nous appesantir un peu sur chacune de ces deux parties.

§ 1. *Corps de Bojanus.*

La première de ces quatre paires se trouve dans le quatrième anneau de la région antérieure et la dernière dans le septième (fig. 8 et 9). Pourtant, ce n'est pas constant, et souvent on trouve dans le quatrième anneau un seul corps de Bojanus à droite ; et dans ce cas, dans le huitième anneau, on trouve un autre corps de Bojanus, mais à gauche de la chaîne nerveuse ; les quatre paires deviennent complètes ainsi.

Pour bien étudier ces organes, il faut, comme toujours, disséquer à la fois des animaux vivants et d'autres conservés dans les acides chromique, picrique et acétique. Ce dernier réactif surtout coagule le sang dans les vaisseaux, et on peut les suivre alors jusqu'aux dernières ramifications.

Les poches en question, très allongées, sont fortement plissées (*c*) par la compression des bandelettes musculaires (*b*) qui les recouvrent.

a. *Bords.* — Ils sont fixés par leur bord externe, et la face inférieure elle-même est plus ou moins accolée à la paroi du corps. Le bord interne libre reçoit une multitude de vaisseaux sanguins venant du vaisseau latéral de son côté (*v*).

b. *Extrémités.* — L'extrémité antérieure, très renflée, reçoit le corps de l'organe segmentaire correspondant. La postérieure (*p*),

bien plus atténuée, s'engage entre les deux plans musculaires superposés, unissant deux anneaux consécutifs, ainsi qu'il a été dit plus
haut, et puis, se recourbant de dehors en dedans, se porte vers la
ligne médiane pour aboutir au pore situé en arrière de la rame inférieure correspondante (fig. 10). De même qu'il y a un autre mode
d'arrangement des anneaux, il y a aussi un autre mode d'arrangement pour les corps de Bojanus.

En ce qui concerne la structure, je ne pourrais que me répéter :
toujours un lacis vasculaire extrêmement serré, rempli d'une multitude de cellules à granulations pigmentaires, et couvert à l'extérieur
par une fine membrane, à l'intérieur par un épithélium vibratile.
M. de Quatrefages dit (p. 232[1]) :

« Les organes de la génération sont distincts, au moins chez les
Clymènes proprement dites. Ils consistent en de petites poches noirâtres placées par paires sur les côtés des 4-9 anneaux de la région
moyenne. Au mois d'août, j'ai trouvé ces poches renfermant des
œufs en voie de formation et la cavité générale était remplie d'œufs
à divers états de développement, mais tous plus avancés. »

Je crains que l'illustre savant n'ait fait erreur. A-t-il pris pour des
œufs les cellules qui se désagrègent du tissu de la glande par compression (fig. 17)? A-t-il, avec les poches, arraché la glande génitale
située à côté (g) et confondu ces deux organes ? Je ne saurais le dire.
J'ai cité ce passage à dessein pour pouvoir encore m'en servir comme
d'une preuve contre l'opinion des naturalistes qui veulent que les
œufs ou les spermatozoïdes naissent des cellules pigmentées qui couvrent les vaisseaux sanguins.

A l'intérieur des poches il y a un courant ciliaire très vif, dirigé
de l'extrémité antérieure vers la postérieure. En somme, c'est toujours la même structure.

§ 2. Organes segmentaires.

Il y a aussi quatre paires d'organes segmentaires, subissant les
mêmes variations que les corps de Bojanus, auxquels ils sont attachés.

Le corps de chacun de ces organes est court (o), l'ouverture du
pavillon assez large (fig. 9); la lèvre supérieure, ou mieux, l'externe.

[1] QUATREFAGES, Annélides, suites à Buffon, t. II, 1re partie.

très large, est frangée ; l'interne est moins festonnée. Le pavillon est
maintenu toujours tendu par le rameau qui lui arrive du vaisseau
sous-intestinal (*v'*). Partout nous voyons la même disposition, et il y
a un vaisseau sanguin segmentaire qui, après avoir côtoyé la base
de la lèvre externe, se continue avec le vaisseau latéral, fournissant
à droite et à gauche de petits rameaux au corps de Bojanus correspondant. La circulation des Clyménies mérite d'être étudiée avec un
peu plus de détail. Du reste, sur la circulation des Annélides on n'a
pas encore dit le dernier mot. Il reste beaucoup d'études à faire sur
ce sujet, surtout quant au mode exact de distribution des branches
de la portion centrale.

§ 3. *Glandes génitales.*

J'ai été assez longtemps avant de pouvoir découvrir ces glandes.
Me guidant sur les figures que donne M. Selenka sur la production des œufs chez l'Aphrodite hérissée, j'ai cherché et recherché
si ces produits naissaient autour des vaisseaux sanguins. Si, en effet,
ce fait, cité depuis longtemps par d'autres auteurs, était vrai, je
devais voir tout de suite ces œufs, ou ces cellules mères spermatiques, en voie de développement. Mes recherches ont été vaines,
et pourtant ce ne sont pas les lacis vasculaires qui manquent chez
les Clyménies. Cherchons dans tous les anneaux du corps, à partir
du premier, et nous trouverons de chaque côté du tube digestif un
treillis vasculaire des plus riches (fig. 11). On dirait autant de corps
de Bojanus, représentés seulement par leur charpente vasculaire. Ces
plexus sont en relation avec le vaisseau dorsal, d'une part, et avec
les vaisseaux latéraux, de l'autre. Comme toujours, le plus grêle et
le plus gros de ces vaisseaux sont couverts de cellules à granulations
pigmentaires et graisseuses, disposées plus ou moins en spirale
autour du vaisseau (fig. 12). Quand l'animal est en pleine reproduction, la cavité du corps est remplie d'œufs ou de cellules mères des
spermatozoïdes, mélangés à des cellules à granulations pigmentaires
et graisseuses. Ces amas sont emprisonnés entre les mailles des
plexus cités, et, si l'on ne fait pas attention, au premier abord on
croirait que ces produits naissent là. Mais, si on les détache et
qu'on les lave dans l'eau de mer, puis qu'on les porte sous le
microscope, on ne voit jamais, même aux plus forts grossissements,
des œufs en voie de développement attachés à ces vaisseaux.

8

Voyant qu'il m'était impossible de trouver les glandes, j'ai essayé de voir si les faits observés chez les *Arénicoles*, *Terebella conchylega*, *Ophélies*, etc., ne se répétaient pas chez cette espèce. Sous la loupe alors, cherchant au voisinage des corps de Bojanus, il me fut facile de trouver la glande (*g*, fig. 9). Sur le bord externe, point d'attache de ces poches glandulaires, et surtout vers leur extrémité postérieure, on trouve tout autour d'un vaisseau sanguin, branche du vaisseau latéral, la glande génitale. Elle est toujours plus ou moins en grappe. En général, les œufs, au fur et à mesure qu'ils se développent, s'entassent les uns sur les autres et forment un amas plus ou moins saillant. Les plus superficiels se détachent et d'autres les remplacent. Si donc les cellules tapissant les vaisseaux donnent naissance aux œufs, pourquoi cette propriété se manifeste-t-elle seulement sur des parties limitées de l'appareil vasculaire, tandis que, sur le reste de cet appareil, il n'existe rien de semblable? Les faits que j'avance me paraissent bien évidents, et il m'est impossible de partager les opinions des naturalistes cités plus haut.

En résumé, chez la Clyménie étudiée, il y a dans le voisinage de chaque poche rénale une glande génitale, qui avait échappé jusqu'ici aux observateurs et dont je crois avoir suffisamment prouvé l'existence.

Les œufs ont souvent une double tache germinative. Les œufs mûrs offrent un arrangement remarquable dans leurs granulations vitellines. Il y en a de toutes petites et de grosses. Celles-ci occupent presque les trois quarts du volume de l'œuf, et à la limite se trouve la vésicule germinative avec sa tache. Ces granulations, et surtout la vésicule germinative, se colorent fortement par le carmin (fig. 13). Ce fait avait déjà été signalé par M. de Quatrefages.

On trouve encore, dans les parois du corps de la Clyménie, des parasites enkystés. C'est un trématode à crochets.

CHAPITRE VII.

FAMILLE DES PECTINAIRES.

(Pl. XXVII, fig. 14-19.)

A Roscoff, dans un dragage, on m'a rapporté des fragments de tube du *Pectinaria belgica*. Plus tard, par un heureux hasard, on découvrit deux individus entiers dans le sable de Pen-ar-Vill (plage de Roscoff).

J'ai pu faire quelques observations sur l'une de ces Pectinaires. Si je n'ai pu faire d'observations précises sur les glandes génitales, il n'en est pas de même pour les corps de Bojanus et les organes segmentaires, et je vais exposer rapidement ce que j'ai vu. Au mois d'août 1879, nous avons cherché en vain à retrouver des Pectinaires, de sorte que mes observations sur ce genre restent incomplètes.

ORGANES DE L'EXCRÉTION ET DE LA RÉPRODUCTION.

Pectinaria belgica est d'une grande transparence, et pourtant je n'ai pas vu les organes segmentaires à travers les parois du corps. Je me demande comment on a pu voir ces organes si délicats, si transparents, chez des Annélides à parois bien plus opaques ; exemple : les Néréides, etc.

§ 1. *Corps de Bojanus.*

L'ensemble de l'organisation des Pectinaires se rapproche beaucoup de celui des Térébelles.

Il y a trois paires de poches glandulaires. La première (*c*, fig. 14), très grosse, ne communique qu'avec l'extérieur. Les deux autres présentent sur leur extrémité antérieure l'embouchure des organes segmentaires (*o*, fig. 14 et 15). Les pores externes correspondants se trouvent sur la face postérieure des rames inférieures (*p*, fig. 16). Leur structure et leurs rapports sont les mêmes que d'ordinaire, et il n'y a pas lieu d'insister. Les cellules qui constituent les parois des corps de Bojanus ont des granulations qui se colorent fortement par le carmin ; et celles-ci remplissent le champ de l'observation, après que les parois cellulaires ont éclaté.

§ 2. *Organes segmentaires.*

Il y en a deux paires, attachées aux deux dernières paires d'organes rénaux. Le cornet, représenté par le corps de ces organes, est assez long (fig. 15) et se fixe par son sommet aux poches sous-jacentes. La lèvre supérieure du pavillon est très frangée (fig. 18), l'inférieure à peine festonnée (fig. 19). Les vaisseaux sanguins, qui

traversent la base de la lèvre supérieure, proviennent du vaisseau
sus-nervien, après quoi ils débouchent dans le vaisseau latéral correspondant. Nous voyons partout le même plan d'organisation :
seulement l'origine des vaisseaux sanguins varie. Les franges ciliées
du pavillon, sur l'animal vivant, sont d'un rouge-carmin très vif. En
effet, le vaisseau segmentaire envoie des prolongements en cul-de-
sac dans chacune des franges (fig. 18), et c'est ainsi qu'il leur communique sa couleur. Le courant ciliaire est des plus vifs, toujours
dirigé vers le sommet de l'organe où se trouve la communication
avec la poche rénale. La direction des organes segmentaires est un
peu spéciale à ce genre. L'ouverture regarde l'extrémité postérieure
de l'animal, ce qui me fait croire que les glandes génitales sont
situées dans cette dernière région.

§ 3. *Glandes génitales.*

Dans la région moyenne du corps et se prolongeant plus ou moins
en arrière, se trouve de chaque côté de la chaîne nerveuse un amas
glandulaire gris blanchâtre (*g*). Je n'ai pu faire d'observations précises pour savoir si cette glande sert à la production des œufs et des
spermatozoïdes ou si, comme chez la *Terebella gigantea*, tout autour
du vaisseau sus-nervien se trouve la glande génitale ; cet amas sous-
jacent, lui formant comme un coussin, sert peut-être à une autre
fonction que je ne puis concevoir. Il reste là un point d'interroga-
tion, qui ne pourra s'élucider que par une étude nouvelle de la Pectinaire. En tout cas, je suis convaincu qu'il doit y avoir une glande
à position fixe.

Claparède figure, chez *Pectinaria napolitana*, un organe segmentaire. La physionomie de cet organe rappelle l'ensemble des deux
parties étudiées par nous. « Comme structure, dit-il, il se rapproche
des organes excrémentitiels (glande salivaire des auteurs) des *Phéru-
siens* et en est l'homologue. »

CHAPITRE VIII.

FAMILLE DES HERMELLES.

(Pl. XXVII, fig. 5-7.)

Dans une excursion faite sous la direction de M. H. de Lacaze-
Duthiers aux environs de Brest, on me rapporta à Roscoff, où je tra-

vaillais au mois d'août 1879, plusieurs gâteaux de tubes d'Hermelles. Les individus qui s'y trouvaient se rapprochaient bien plus
d'*Hermella crassissima* que d'*Hermella alveolata*. Quoique M. de Quatrefages ait fait des études très étendues sur la dernière espèce, j'ai
essayé de vérifier ses observations. Du reste, il me semble qu'il n'a
pas décrit l'organe segmentaire. Mes observations ne sont point
complètes, car la plupart des Hermelles apportées étaient presque
mortes. Le temps employé pour chercher les organes segmentaires
étant assez long, les animaux périrent et il me fut impossible de
continuer mes recherches. Je répète que, pour bien voir les
organes segmentaires, il faut disséquer les animaux vivants : le
courant ciliaire si vif de ces organes attire l'attention ; une fois
averti, on cherche avec précaution, en employant les réactifs,
et on arrive ainsi à les connaître d'une manière parfaite.

ORGANES DE L'EXCRÉTION ET GLANDES GÉNITALES.

Je n'ai rien à dire sur les corps de Bojanus, que je n'ai pas vus.
Peut-être autour de l'œsophage y en a-t-il des représentants, comme
chez les Serpuliens (Sabelles, Myxicoles). Il n'en est pas de même
pour les organes segmentaires.

Organes segmentaires.

Les Hermelles se rapprochent beaucoup des Serpuliens. Les
anneaux présentent des parties similaires, et, comme chez ces derniers, les organes segmentaires se trouvent par paire dans la plus
grande partie des anneaux du corps. Il faut employer les dissections
et les coupes. Sur la figure 5, contre le dissépiment qui sépare l'anneau coupé de celui qui le précède, on voit l'organe segmentaire (*o*).
L'ouverture, assez évasée, se trouve au voisinage du tube digestif.
Le tube qui suit le pavillon, toujours appuyé contre le diaphragme
et reposant sur le muscle inférieur, se porte dans la cavité pédieuse
correspondante, s'accole à la face postérieure de la rame dorsale
et débouche par le pore (*p*). M. de Quatrefages dit avoir vu ce pore
situé entre la branchie et la ligne médiane du dos. Comme lui, j'ai
assisté à la ponte. Des Hermelles mâles et femelles, placées sous le
microscope, dans des verres de montre, m'ont permis de voir avec
précision le pore par où ces produits s'échappaient. La figure 6 est

un dessin pris sur nature. Le pore est en arrière de la rame dorsale. Les œufs étaient entraînés vers le dos de l'animal par le courant ciliaire des branchies. Peut-être chez l'*H. alveolata* le pore est-il ailleurs ou peut-être doit-on lire, au lieu de ligne ventrale, ligne dorsale.

Les glandes génitales se trouvent par paires contre les diaphragmes, en face des organes segmentaires toujours attachés aux vaisseaux inférieurs. De sorte que dans chaque anneau, sur le diaphragme limitant en avant la cavité annulaire, se trouvent les organes segmentaires, et sur le diaphragme postérieur les glandes. Nous verrons la même chose chez beaucoup d'Errants.

Versant sur des œufs l'eau qui contenait des spermatozoïdes, j'ai vu au bout d'un certain temps la membrane vitelline se gonfler, se boursoufler, et les spermatozoïdes se heurtaient par groupes contre cette masse amorphe. Mais je n'ai vu ni la fécondation ni la segmentation.

Quoique mes observations soient bien limitées, elles me paraissent intéressantes, surtout à l'appui de mes vues, car elles établissent une distinction entre les organes segmentaires et les poches glanduleuses.

DEUXIÈME PARTIE.

ANNÉLIDES ERRANTS.

D'après la classification de M. de Quatrefages, il y a onze familles d'Annélides sédentaires. Après avoir examiné un type de chacune de ces familles, j'ai limité mes observations à quatre familles des Errants. La plupart des travaux, et entre autres ceux de Claparède et Ehlers, traitent surtout des Errants ; voilà pourquoi mon attention fut portée surtout vers les Sédentaires. Dans le résumé donné à la fin de ce travail, nous rapporterons les descriptions des organes segmentaires et génitaux données par les différents savants, pour constater l'état de la science en cette matière.

A Roscoff, les Errants sont assez bien représentés, et parmi les différents types j'ai choisi :

1° Famille des Aphroditiens : a. *Hermione fallax* ; b. *Sthenelais Edwardsii* ;

2° Famille des Cirrhatuliens : *Cirrhatulus filiformis* ;

3° Famille des Néréidiens : *Nereis bilineata* ;

4° Famille des Euniciens : *Marphysa sanguinea.*

Comme il y a une forme typique unique pour les organes que nous étudions chez ces divers Annélides, nous ne ferons point de chapitres à part, comme cela a été fait pour les Sédentaires, mais tous seront étudiés à la fois.

FAMILLES DES APHRODITIENS, CIRRHATULIENS, NÉRÉIDIENS, EUNICIENS.

(Pl. XXVIII, fig. 1-15.)

ARTICLE 1. — COUP D'OEIL SUR LEUR ORGANISATION.

Dans le mémoire de M. de Quatrefages, comme l'a dit Claparède lui-même[1], la description de l'organisation des Annélides est faite avec un art digne du grand savant. Je me propose ici de rappeler seulement certains faits ayant trait à la cavité du corps, pour bien faire saisir ensuite la disposition des organes segmentaires et des glandes génitales.

Les Errants ont le corps composé d'une multitude d'anneaux similaires. Pourtant on arrive facilement à distinguer trois régions. Le plus important est de savoir que ces animaux, ou du moins la plupart d'entre eux, ont une trompe; or, les anneaux de toute la région proboscidienne sont différents de ceux du reste du corps. Ce n'est pas à l'extérieur que cette dissemblance existe, mais à l'intérieur, car ils sont dépourvus d'organes segmentaires. Cela se conçoit, vu que la trompe, étant exsertile, a besoin d'être largement logée, ce qui n'est pas favorable à l'existence des organes segmentaires qui sont si délicats. Pour s'en convaincre, et je le dis tout de suite, il faut choisir la Marphyse comme sujet d'étude. En l'observant, on est frappé de deux faits : lorsqu'on l'excite ou qu'on la cherche dans la vase, on voit qu'elle se brise, à chaque mouvement, se partageant en un certain nombre de segments. Cette segmentation, caractéristique des Errants, se produit toujours de l'extrémité caudale vers l'extrémité céphalique. Mais le segment dont la tête fait partie est toujours le plus long et ne se divise plus. Pourquoi? Parce qu'il renferme la trompe et pas autre chose. Ouvrons maintenant les segments du reste du corps, nous verrons, avec une netteté parfaite, les organes segmentaires et les glandes génitales (fig. 7).

[1] Introduction (*Mém. de physique et hist. naturelle de Genève*, 1868, t. IX).

Il semble que l'animal, en se segmentant ainsi, sépare de son corps les parties qui portent les fruits de la progéniture avec l'espoir de les mettre à l'abri.

La cavité du corps n'est point unique, mais séparée par des diaphragmes en autant de compartiments qu'il y a d'anneaux (fig. 11). L'intestin, en traversant chaque diaphragme, est étranglé. Cette séparation n'a pas lieu dans la région du corps renfermant la trompe, car cela serait incompatible avec la fonction de cet organe. La connaissance des diaphragmes est de toute nécessité, comme nous le verrons dans les études suivantes.

ARTICLE 2. — ORGANES SEGMENTAIRES.

D'après l'historique des travaux traitant des Annélides, nous voyons que c'est surtout Clarapède et M. Ehlers qui se sont occupés le plus des glandes génitales et des organes segmentaires. Le premier, à plusieurs reprises et dans des mémoires de grande valeur, a communiqué ses recherches autant sur les *Annélides sédentaires* [1] que sur les *Errants* [2]. Ehlers, d'après les deux volumes que j'ai trouvés à la bibliothèque du Muséum, les seuls qui paraissent avoir été publiés, donne la description de ces organes chez un certain nombre d'Annélides errants. Bientôt nous mentionnerons les genres et les espèces chez lesquels les organes segmentaires ont été indiqués. L'important est de savoir comment ces organes ont été vus. Il semble que c'est par transparence, et alors je me demande comment, pendant trois ans de manipulations, jamais il ne m'a été donné de voir un organe segmentaire à travers les tissus du corps. D'après les figures de la planche XXVIII, on voit clairement que c'est à l'aide de dissections que je suis arrivé à reconnaître ces organes sur place. Il me sera permis d'indiquer la manière dont je m'y suis pris pour arriver à ces résultats. Je fixe des fragments tout vivants d'Annélides dans de petites cuvettes à fond de liège noirci et sous l'eau de mer. La préparation éclairée, je la dissèque sous la loupe. Une fois la cavité du corps ouverte, après l'avoir nettoyée à l'aide

---

[1] Claparède, *Structure des Ann. sédentaires* et *Mémoires de physique et hist. naturelle de Genève*, t. XX.

[2] Claparède, *Annélides chétopodes de Naples* (*Mém. Soc. phys. et hist. naturelle de Genève*, t. XIX, 1868).

Idem, *Beobachtung über Anatomie und Entwickelungsgeschichte wirbellose Thiere*, taf. XI et XII.

d'une seringue, j'observe attentivement chacune des parties jusqu'à ce que les courants ciliaires des organes segmentaires attirent mon attention. Ces manipulations sont indispensables, et il faut prendre de préférence une *Marphyse*, car c'est chez cet animal que les organes que nous étudions se laissent voir avec le plus de facilité. Sans dissection, d'après moi, il est impossible de constater leur existence.

On peut en dire autant des coupes seules : celles-ci dérangent les rapports et ne donnent de bons résultats qu'après que les organes ont été étudiés à l'aide de la dissection.

1° *Aphroditiens.* — C'est surtout sur la *Sthenelaïs Edwardsii* que j'ai bien vu l'organe segmentaire (fig. 3 et 4). Le vaisseau sous-intestinal (*v*), en traversant avec le tube digestif d'avant en arrière un diaphragme (*d*), envoie à droite et à gauche un rameau sanguin destiné aux parties latérales du corps, en même temps qu'il donne les ramuscules nécessaires au diaphragme lui-même. Ces vaisseaux s'épanouissent par conséquent sur la face antérieure de chaque diaphragme. Cherchons maintenant sur la face postérieure, et nous trouverons une paire d'organes segmentaires (*o*) ayant la forme connue, c'est-à-dire : un pavillon large très cilié, suivi d'un tube en entonnoir à queue plus ou moins longue. Ces organes, attachés au diaphragme, sont aptes à recueillir les produits de la génération pour les évacuer. Le courant ciliaire est dirigé du côté du pavillon, vers le pore externe. Ici commence la difficulté de bien préciser la position des pores. Chez les Sédentaires, animaux à corps bien plus développé que les Errants, avec combien de difficulté n'arrive-t-on pas à les voir ? Sur la figure 5, on voit l'ouverture externe de l'organe segmentaire, située sur la rame dorsale et sur un mamelon cilié, dont le courant est destiné à éloigner tout corps étranger de son voisinage (*p*). M. Ehlers prétend avoir vu, à diverses reprises, plusieurs pores externes. Ainsi, chez *Polynoë pellucida* (*n. sp.*), il y en aurait quatre. Mais, d'après son dessin, il est très difficile de comprendre quel est l'organe segmentaire.

2° *Cirrhatuliens.* — Le *Cirrhatulus filiformis* présente des organes segmentaires par paires dans presque tous les anneaux ; seulement ici ils sont attachés à la face antérieure de chaque diaphragme (fig. 11).

3° *Néréidiens.* — Chez le *Nereïs bilineata*, si commun à Roscoff, on trouve encore, à partir de la région moyenne du corps, des

organes segmentaires par paires sur la face postérieure des diaphragmes (*d*, fig. 14).

4° *Euniciens*. — Rien de plus frappant que les organes segmentaires de la *Marphyse sanguine*. On les trouve dans presque
toute la longueur du corps, à partir de la région qui renferme la
trompe. On fait des préparations en incisant l'animal sur la ligne
médiane dorsale (fig. 7). On voit alors les renflements du tube
digestif à chaque anneau occuper le centre de la préparation, puis
un sillon médian qui correspond au système nerveux et deux
autres latéraux, sur lesquels se trouvent les mamelons sétigères
des pieds correspondants. Sur la face postérieure de chaque diaphragme, et dans les angles externes du quadrilatère ainsi limité,
on aperçoit une partie saillante d'un blanc nacré qui tranche sur le
reste du corps. De chaque côté du tube digestif, et toujours contre
la face postérieure du diaphragme, sont des vaisseaux sanguins en
forme de croissant, doués de contractions régulières, jouant le rôle
de cœurs (*c*). Ceux-ci, en communication avec le vaisseau sous-intestinal, envoient une artère qui longe le bord inférieur du diaphragme et reçoit d'en haut et d'en bas de petits ramuscules sanguins (*a*).

En arrivant dans les angles cités plus haut, les artères traversent
les corps blanchâtres que nous avons mentionnés, et qui sont les organes segmentaires (*o*), pour aller aux branchies correspondantes. Ne
voyons-nous pas là quelque chose de semblable à ce que nous avons
vu chez les Arénicoles? Détachons ces organes segmentaires et met-
tons-les sur le porte-objet du microscope (fig. 8). On voit le pavillon
très large, à deux lèvres ciliées. La lèvre supérieure est traversée par
l'artère branchiale (*a*), qui plus loin se partage en deux branches.
Au pavillon fait suite un tube assez long, qui descend dans la cavité
pédieuse correspondante, où il s'engage pour aller s'ouvrir au pore
externe. Le sang de ces *Euniciens* étant très rouge, et les organes
segmentaires d'un blanc nacré, le contraste des couleurs fait bien
ressortir ces derniers.

Nous avons peu de chose à dire de la structure. En somme,
ces organes ont une paroi formée d'un tissu transparent presque
amorphe, sillonnée par de très petits ramuscules sanguins et tapissée d'un épithélium pavimenteux cilié (fig. 9). Le courant ciliaire
est dirigé du pavillon vers le pore externe.

Je ne puis préciser la position des orifices externes des organes segmentaires, qui me sont incomplètement connus ; ainsi, je les passe sous silence.

Comme il a été dit dans la première partie, les Sédentaires ont le corps partagé en trois cavités : une centrale *viscérale* et deux latérales *pédieuses*. Il en est de même chez les Errants, où nous prendrons pour type le *Nephtys*, qui montre le mieux cette séparation. La cavité médiane renferme le tube digestif, et les cavités pédieuses communiquent avec celle-ci.

Chez les Sédentaires, nous avons vu les organes segmentaires n'occuper que les cavités pédieuses ou latérales ; chez les Errants, le pavillon occupe la cavité médiane, et le tube se trouve dans les cavités pédieuses. La même disposition se retrouve chez les *Hermelles*, les *Serpuliens* et chez les autres *Sédentaires* qui ont le corps formé d'anneaux plus ou moins distincts, comme les Errants.

Nous avons fait observer déjà que les auteurs ont surtout décrit les organes segmentaires des Errants.

M. Keferstein [1] dit avoir vu chez *Cirrhatulus filiformis* (*n. sp.*), dans les quatre premiers anneaux qui suivent l'anneau buccal, une paire de poches allongées, formées par un tube courbé. Une extrémité s'ouvre à l'intérieur, et l'autre à l'extérieur (fig. 7 de la planche ci-intercalée) [2]. Je n'ai rien vu de semblable, et les organes segmentaires se trouvent surtout vers la région moyenne et postérieure du corps.

D'après Claparède, chez l'*Ophelia radiata* ou *Lumbricus radiatus* (*Delle Chiaje*, fig. 6, pl. intercalée) les organes segmentaires existeraient dans toute la région abdominale et rappelleraient, au dire de l'auteur, ceux des *Oligochètes*. Les parois du tube seraient colorées en brun. Chez l'*Eunice schizobranchia* [3] (fig. 8), Claparède dessine l'organe segmentaire tel qu'il a été vu par nous chez la *Marphysa sanguinea*, et il ajoute que « cette espèce est tout particulièrement favorable à l'étude des organes segmentaires, au moins dans la région tout à fait postérieure, qui reste pâle et transparente chez les individus jeunes ». C'est ce que nous disions nous-même plus haut, et ce qui prouve que les *Euniciens* sont les types préférables pour ce genre d'étude. Claparède attribue la même configuration aux organes segmentaires des *Néréidiens* (fig. 9, pl. intercalée), et,

[1] *Loc. cit.*, taf. X, fig. 28-31, p. 122.
[2] Page 122.
[3] *Loc. cit.*, pl. II, fig. 6, p. 30-31.

d'après lui, le pavillon semble engagé dans le diaphragme, de sorte que les organes segmentaires d'un anneau quelconque communiquent avec la cavité de l'anneau antérieur et non avec celle où ils sont logés. Pour moi, chaque paire d'organes segmentaires n'est en communication qu'avec l'anneau qui la contient.

Chez les Errants que j'ai étudiés, je n'ai rien vu de semblable aux corps de Bojanus des Sédentaires. Pourtant Claparède, dans la famille des *Alciopiens* (fig. 10, pl. intercalée) (*Krohnia* de Quatrefages), décrit quelque chose de bien curieux, que je ne puis m'expliquer. Selon lui, le pavillon est toujours engagé dans le diaphragme du segment précédent ; à partir du seizième segment, l'organe segmentaire se complique, chez les mâles, d'une grosse vésicule pyriforme, dont le court pédoncule tubulaire s'insère sur le tube de l'organe segmentaire à peu près au tiers supérieur de sa longueur. Au temps de la maturité, cette poche est remplie de spermatozoïdes. C'est donc, pour lui, une *vésicule séminale*.

Claparède dit avoir vu chez les femelles de ces réceptacles remplis de spermatozoïdes, et lui-même se demande comment les zoospermes arrivent dans ces poches : *C'est encore un mystère pour moi,* dit-il, *en l'absence d'organes copulateurs et en présence d'un si grand nombre de pores éjaculateurs chez les mâles.*

Quoique les Errants étudiés par Claparède soient assez nombreux, il ne donne que quelques descriptions des organes segmentaires. M. Ehlers figure, chez un très petit nombre d'Errants, les organes en question ; mais l'auteur ne donne aucune idée de leur structure et de leur agencement, et la seule conclusion à tirer de ses dessins, c'est que ces organes ont la forme de poches, tantôt à une seule embouchure externe, exemple : *Euphrosyne racemosa* (famille *Amphinomea* ou *Nereïdea*), *Sigalion limicola, Syllis fiumensis, Glycera dibranchiata ;* tantôt à plusieurs embouchures, exemple : *Polynoë pellucida.*

En définitive, la question n'est pas tranchée chez les Errants ; mais il me semble que la dissection fournira des résultats bien plus précis que la simple inspection par transparence. Et, d'après l'ensemble des animaux étudiés, *l'organe segmentaire nous paraît consister en un tube plus ou moins long surmonté d'un pavillon très large, cilié, à deux lèvres, qui le met en communication avec la cavité du corps ; ce tube s'ouvre à l'extérieur par un pore.*

Article 3. — glandes génitales.

C'est surtout du mois de mai au mois d'août qu'il faut chercher les glandes génitales, car elles sont alors en plein travail et se laissent facilement voir. Les auteurs cités plus haut donnent bien moins de détails sur ces organes que sur les organes segmentaires.

M. Keferstein avoue ne les avoir pas vues.

M. Ehlers en donne très peu de figures : une pour la *Glycera dibranchiata* et une autre pour le *Cirrobranchia parthenopeia*.

Claparède émet plusieurs théories générales ; mais lorsqu'il étudie chaque individu en particulier, il ne fournit guère de détails sur les glandes génitales.

Voyons maintenant, chez les Errants étudiés par nous quelle est la position des glandes en question.

1° *Aphroditiens.* — C'est sur l'*Aphrodite hérissée* que M. Selenka a étudié les organes de la reproduction. De ses figures il résulte, sans aucun doute, que les œufs naissent du tissu cellulaire annexé aux vaisseaux sanguins (excepté, les gros troncs de la portion centrale). Dans la première partie de ce travail, nous avons souvent répété que nous ne partagions pas cette opinion, et les figures ci-jointes (pl. XXVIII) le prouvent assez. Sur la figure 1, qui représente une *Hermione* ouverte par le dos, on voit les vaisseaux sanguins allant du tronc ventral (*v*) aux régions latérales, entourés par les glandes génitales en forme de grappes très développées. Ces vaisseaux serpentent sur la face antérieure des diaphragmes qui séparent les anneaux. Si l'on examine maintenant la figure 3, on verra que chez la *Sthénélaïs* la glande génitale se trouve toujours sur la face antérieure des diaphragmes (*d*) et autour du vaisseau sanguin qui y adhère (*g*).

Les œufs, au fur et à mesure qu'ils se développent, sont poussés vers la périphérie de l'ovaire, pour se détacher ensuite et tomber dans la cavité du corps. Il en est de même pour les cellules mères des spermatozoïdes.

Les glandes génitales sont enveloppées par une membrane mince, transparente, amorphe, qui se déchire lorsque les œufs ou les cellules spermatiques sont arrivés à maturité (fig. 2).

2° *Cirrhatuliens.* — Les vaisseaux sanguins qui partent du vaisseau sous-intestinal et vont au vaisseau latéral correspondant, suivent la face postérieure de chaque diaphragme et sont entourés par la glande génitale (*g*, fig. 11 à 13). Celle-ci ressemble à une grappe de

raisin. Chacun de ses acini (fig. 13), plus ou moins allongé, est
constitué par une mince paroi et contient les œufs pressés les uns
contre les autres ; les plus mûrs sont à la périphérie, les plus jeunes
à la base de l'acini et en contact avec le tissu amorphe contigu au
vaisseau sanguin. Le sang, circulant sans cesse, apporte les principes nécessaires au développement du tissu protoplasmique, qui
constitue la partie fondamentale de la glande annexée au vaisseau
sanguin. L'appareil circulatoire est recouvert par une couche nucléaire (fig. 6), et pourtant les œufs et les cellules mères spermatiques ne naissent pas ailleurs que dans les glandes dont nous venons de préciser la position.

3° *Néréidiens*. — C'est sur cette famille que Claparède a fondé sa
théorie du *tissu sexuel*, d'après laquelle le tissu nucléaire entourant
les vaisseaux se désagrégeant, l'amas formé de cellules graisseuses
donnerait naissance aux œufs et aux cellules mères spermatiques ;
l'auteur dit :

« *Il est difficile de ne pas croire que chaque ovule résulte de la
transformation d'une des cellules du tissu connectif ou graisseux* ».

Claparède ajoute que M. de Quatrefages en indiquant des glandes
génitales sous la chaîne nerveuse, s'est complètement trompé. Je
ne suis pas de son avis, et M. de Quatrefages avait à peu près raison. En effet dans chaque anneau sur le vaisseau sus-nervien
on trouve annexée une paire de petites glandes ayant la même
conformation que celles des autres Annélides. Seulement toutes
les cellules qui résultent de la masse amorphe de la glande n'arrivent point à leur complet développement, de sorte qu'à côté d'œufs
mûrs on en trouve d'autres atrophiés (fig. 15). Les œufs, en se
détachant de la glande génitale, vont se mêler, à l'intérieur de la
cavité du corps, à des nucléus provenant de la couche périvasculaire et à des cellules péritonéales. Ainsi s'explique la méprise de
Claparède, qui a pris cet amas d'éléments divers pour un *tissu sexuel*.

4° *Euniciens*. — Dans cette famille la *Marphyse sanguine* est le type
qui présente avec le plus de clarté et de précision les glandes génitales. Sur les figures 7 à 10, pl. XXVIII, on voit avec la dernière
netteté leur position (*g*).

M. de Quatrefages dit, page 106, *loc. cit.* :

« *Quant à l'Eunice, je me suis borné à constater l'existence et la
disposition de l'organe, parce que, pressé par d'autres travaux, j'ai
jugé de sa nature d'après ce que j'avais constaté chez les Néréides* ».

Malheureusement les glandes génitales chez les Euniciens, du moins à en juger d'après la Marphyse, ne sont point situées comme chez les Néréides.

Nous avons vu que le vaisseau sanguin, ou mieux l'artère branchiale (a), pour aller à la branchie, traverse la lèvre supérieure de l'organe segmentaire correspondant. C'est sur la première moitié de ce vaisseau que se trouve la glande génitale. Comme toujours, l'ovaire possède une mince membrane sous laquelle se trouvent emprisonnés les œufs. Une fois celle-ci déchirée, les œufs sont recueillis par l'organe segmentaire, après avoir séjourné peu de temps dans la cavité du corps. Il est à remarquer que chez d'autres Errants les œufs tombent avant leur maturité dans les cavités du corps où ils achèvent de mûrir, tandis que chez la Marphyse les œufs ne quittent jamais l'ovaire avant d'être tout à fait mûrs.

Ce que nous venons de dire des œufs s'applique aussi aux spermatozoïdes. Les cellules mères spermatiques, se détachant de la masse testiculaire, mettent en liberté les spermatozoïdes une fois leur paroi dissoute.

En définitive, *chez les Errants étudiés, comme chez les Sédentaires, il y a des glandes à position fixe chez la même espèce, mais variant selon les espèces et les genres.* Rien ne prouve que les nucléus, soit des vaisseaux, soit des diaphragmes, donnent naissance aux éléments reproducteurs.

Les dessins faits d'après nature et les observations rapportées plus haut, suivies pendant longtemps, vérifiées à plusieurs reprises, me font croire à la véritable existence des glandes génitales.

RÉSUMÉ.

Les travaux qui traitent des Annélides Polychètes sont très nombreux; pourtant il reste encore des points obscurs au sujet des glandes génitales et des organes segmentaires.

Après avoir lu les descriptions de MM. Williams, de Quatrefages, Milne-Edwards, Claparède, Ehlers, Ray Lankester, Metschnikow, Keferstein, Grübe, Vejdovsky[1], Dr Hugo Eisig[2] et autres, deux questions me parurent réclamer une solution.

1° Que doit-on entendre par organe segmentaire? quelle en est la nature?

[1] *Zeitschrift für wiss. Zoologie*, 1878, 31 Band, Erster Heft.
[2] *Mitheilung aus der Zoologischen Station zu Napel*, I Band, I Heft. 1878.

2° Où naissent les œufs et les spermatozoïdes?

Mes premières recherches ont porté sur les Annélides sédentaires, puis sur un très petit nombre d'Errants. Les résultats en ont été exposés dans ce travail.

I. ORGANES SEGMENTAIRES.

Dans les ouvrages cités, un certain nombre d'Annélides ont été étudiés au point de vue de la configuration des organes segmentaires. La plupart des dessins qui représentent ces organes sont ajoutés ici pour pouvoir les opposer aux miens.

Nous avons vu dans la cavité générale des Annélides sédentaires un certain nombre de poches très pigmentées. L'interprétation qu'on en a donnée diffère suivant les naturalistes. Ainsi :

1° Pour MM. Milne-Edwards, de Quatrefages, Cuvier et Grübe, ces poches sont des *glandes génitales;*

2° Pour tous les autres naturalistes, ce sont des *organes segmentaires.*

Nous connaissons l'interprétation de M. Williams.

M. Keferstein [1] décrit comme organes segmentaires chez *Terebella gelatinosa* (fig. 3, pl. intercalée) et *Terebella Conchylega* deux poches courbes. Leur branche antérieure, très pigmentée, communique avec la cavité du corps par un orifice cilié; leur branche postérieure communique à l'extérieur. Nous avons vu quelle est, chez la *Terebella Conchylega,* l'organisation de ces poches qui ne communiquent point avec la cavité générale du corps.

Claparède considère les poches en question comme des organes segmentaires. Chez *Arenicola Grübii* (fig. 4) et *Pectinaria napolitana* (fig. 5), il figure le pavillon de ces organes.

M. Ehlers décrit les organes segmentaires comme des poches à deux ouvertures : l'une interne et l'autre externe.

Je trouve dans son mémoire des dessins ayant rapport aux organes segmentaires, des *Polynoë pellucida* (n. sp.) (fig. 11, pl. intercalée), *Sigalion limicola* (n. sp.) (fig. 12, même planche), *Syllis fiumensis* (n. sp.) (fig. 14, même planche), et du *Glycera dibranchiata* (fig. 15, même planche).

Mes recherches, dont les résultats sont exposés en détail dans ce mémoire, me permettent d'assigner une configuration toute particulière

[1] *Zeitschrift für wiss. Zool.*, 1862, t XII, taf. XI.

aux organes segmentaires. Ainsi, *Arenicola piscatorum* et *Terebella gigantea* me montrent les poches de la cavité du corps composées de deux parties :

1° Une plus volumineuse (qui attire l'attention de l'observateur), glandulaire, comparable aux *corps de Bojanus* des Mollusques. Les parois de ces organes sont sillonnées par des vaisseaux sanguins qui forment des mailles plus ou moins serrées. A l'intérieur des poches se trouve une couche très épaisse de cellules à granulations pigmentaires, dont les plus superficielles sont vibratiles. Enfin, ces organes communiquent avec l'extérieur par un pore. A l'aide de réactifs, on constate des cristaux d'urates ; en un mot, il y a une telle ressemblance avec les organes urinaires des Mollusques, qu'il est difficile de ne pas leur assigner la même fonction ;

2° La deuxième partie, ajoutée à celle que nous venons de citer, se présente sous un aspect tout différent. C'est un pavillon à deux lèvres, dont l'une, plus ou moins garnie de franges ciliées, est traversée par un vaisseau sanguin. Au pavillon fait suite un cornet plus ou moins long, qui s'attache sur la partie glanduleuse en un point déterminé où existe un pore permettant une libre communication avec elle. Il n'est pas difficile de reconnaître là la forme typique d'*un organe segmentaire*, soit d'un oviducte pour les femelles, soit d'un spermiducte pour les mâles. Cette distinction en deux organes, avec fonctions différentes, résulte de leur mode d'agencement chez les divers Annélides.

Ainsi, chez la *Terebella gigantea*, nous avons trouvé une paire de ces poches au-delà du diaphragme musculaire ; mais ici elle est dépourvue de la partie à pavillon, et par conséquent de toute communication avec l'intérieur de la chambre céphalique. Il est évident que les véritables organes segmentaires n'ont aucune raison de se trouver là où jamais ne pénètrent ni œufs, ni spermatozoïdes.

Chez la *Terebella Conchylega*, nous avons vu deux paires de poches, dont l'une prédiaphragmatique et l'autre postdiaphragmatique ; et cette fois l'une et l'autre sont dépourvues de communication avec l'intérieur du corps. Mais, plus en arrière, nous avons vu deux paires d'organes segmentaires en forme de cornet, ayant chacun un pavillon très large, suivi d'un tube conique qui débouche au dehors par des pores particuliers. Ces derniers organes n'ont encore été vus par personne. Il est bien probable qu'ici la séparation est complète et que chacune de ces parties préside à des fonctions différentes.

9

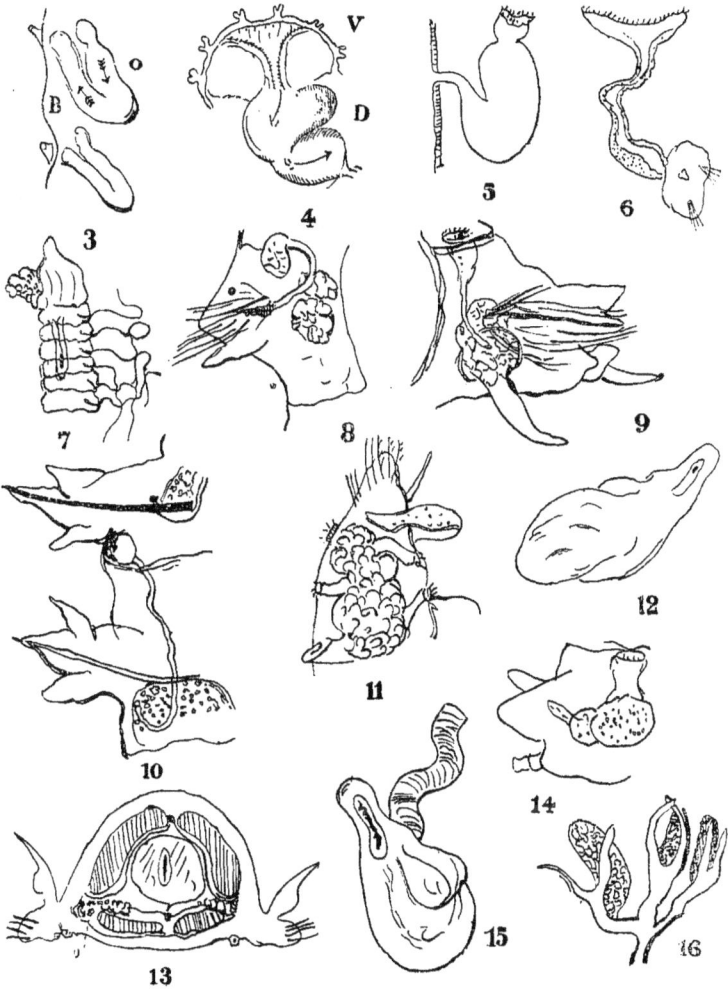

Fig. 3. Deux organes segmentaires du *Terebella gelatinosa*, par Keferstein (*Zeit-schrift. Zool.*, 1862, t. XII, taf. XI, fig. 19-22). Un tube à deux branches. L'antérieure (*o*) s'ouvre à l'intérieur, et la postérieure (*b*) au dehors

Fig. 4. Un organe segmentaire de l'*Arenicola Grübii*, d'après Claparède, *v*, vaisseau sanguin traversant une des lèvres; *d*, la seconde partie de l'organe; après quoi vient la troisième, qui débouche au dehors. Le pavillon serait composé de trois lèvres en lobes (Mém. Genève. t. XX).

Fig. 5. Un organe segmentaire du *Pectinaria Napolitana*. Il y a trois paires de ces poches. D'après le dessin, on voit qu'il y a deux organes distincts, c'est-à-dire le vrai organe segmentaire et le corps de Bojanus.

Fig. 6. Organe segmentaire de l'*Ophelia radiata* (*Lumbricus radiatus*). Le pavillon est accolé à la paroi du corps, près des soies du segment précédent. Le tube est sinueux, à parois brunâtres. L'ouverture externe est située auprès des soies de chaque segment.

Fig. 7. Organe segmentaire en forme de tube courbé, du *Cirrhatulus filiformis*, d'après Keferstein. Il n'en existerait qu'une paire étendue dans les premiers anneaux du corps.

Fig. 8. La moitié d'un anneau de l'*Eunice Schizobranchia* d'après Claparède, montrant l'organe segmentaire et des poches glandulaires dont l'auteur n'affirme pas la relation avec ce dernier. Il avoue n'avoir pas réussi à voir le pore externe du tube.

Fig. 9. Moitié d'un anneau d'un Lycodirien (Néréidien) qui montre l'organe segmentaire dont le pavillon se trouve dans l'anneau précédent. Il y a des poches glanduleuses, et Claparède se demande si elles n'ont pas été considérées par Ehlers comme étant en relation avec l'appareil reproducteur.

Fig. 10. Organe segmentaire du *Krohnia*, qui, d'après le dire de Claparède, aurait une poche séminale pigmentée près du pavillon qui se trouve toujours dans l'anneau précédent, au-delà du dissipement. On voit le pore externe à la base des rainures.

Fig. 11. Organe segmentaire à plusieurs embouchures externes du *Polynoe pellucida* (n. sp.) d'Ehlers. Il paraît avoir la forme d'une poche. On voit en dedans l'ouverture interne. Il n'y a pas de description de ces organes.

Fig. 12. Organe segmentaire du *Sigalion limicola* (n. sp.) d'Ehlers.

Fig. 13. Coupe du *Cirrobranchia parthenopeia* (Ehlers). On voit les ovaires (*o*) attachés aux vaisseaux sanguins.

Fig. 14. Organe segmentaire du *Syllis flumensis* (n. sp.) d'Ehlers.

Fig. 15 et 16. La première représente l'organe segmentaire; la dernière, l'ovaire du *Glycera dibranchiata* (Ehlers). L'ouverture interne est très large; partout M. Ehlers représente les organes segmentaires comme des poches.

L'*Ophelia bicornis*, si abondante à Roscoff, présente un fait plus frappant encore. Chez cet animal, dans cinq anneaux consécutifs, il y a une paire d'organes segmentaires en cornet, avec des ouvertures propres, et plus en arrière, dans cinq autres anneaux, il y a une paire de poches couleur terre de Sienne communiquant seulement avec l'extérieur.

Enfin, dans la famille des *Serpuliens* et des *Hermelliens*, nous avons des preuves incontestables de la séparation de ces deux parties.

Chez les genres *Sabella*, *Myxicola* et *Hermella*, étudiés par nous, chaque anneau est complètement isolé de ses voisins par des diaphragmes. Chez ces animaux, excepté chez les Hermelles, on trouve

sur les côtés de l'œsophage une paire de poches glandulaires, s'ouvrant au dehors par des pores situés sur la lèvre externe de l'entonnoir branchifère. Ces poches sont des glandes génitales pour certains
savants; pour d'autres, comme Claparède, des organes segmentaires
et des glandes tubipares. Ce seraient, d'après ce dernier :

1° Des glandes tubipares, parce qu'elles sécrètent la mucosité nécessaire à la fabrication du tube de l'animal;

2° Des organes segmentaires, parce que, à leur extrémité postérieure, se trouve un orifice cilié qui représente le pavillon. Je suis
forcé de dire que c'est une erreur. On ne voit jamais d'œufs naître
dans ces poches ni les traverser, et les orifices que Claparède a cru
voir n'existent pas; la mucosité est probablement sécrétée par les
innombrables glandules de la peau. La structure des poches est celle
d'un organe urinaire.

Enfin, comme dernière preuve, nous rappellerons les faits suivants :
dans chaque anneau, à partir de la région moyenne du corps, il y a une
paire d'organes segmentaires, c'est-à-dire des corps consistant en un
pavillon à deux lèvres ciliées, suivi d'un tube assez long qui débouche
directement au dehors, fait non encore cité.

Ce sont autant d'observations anatomiques qui prouvent que, chez
les Annélides sédentaires, on trouve deux sortes d'organes :

1° *Des corps de Bojanus variant* *suivant les genres et les espèces,
quant à leur nombre et à leur disposition ;*

2° *Des organes segmentaires, offrant les mêmes variations, tantôt indépendants, tantôt venant s'attacher sur les corps de Bojanus, et emprun-
tant à ces derniers leurs ouvertures extérieures ; leur fonction est de recueillir les produits de la génération flottant dans la chambre viscérale, et
de les verser au dehors.*

On pourrait dire que là où se trouve, soit la partie glanduleuse seulement, soit seulement la partie non glanduleuse, il y a atrophie de
l'une d'entre elles. Je ne le pense pas et je me base sur ce fait :

Les Errants sont bien inférieurs aux Sédentaires et la transition
entre ces deux grandes divisions nous est fournie par les types de
la famille des *Hermelliens* et des *Serpuliens*. En effet, les Annélides
errants ont le corps divisé en anneaux, plus ou moins distincts et
similaires. Les Sédentaires n'ont pas l'individualité de leurs anneaux,
excepté les types des deux familles citées.

Les organes segmentaires, tels que je les ai définis, de même que
les glandes génitales, se trouvent par paires dans presque tous les

anneaux de la région thoracique et abdominale chez tous les Errants et parmi les Sédentaires, chez les *Hermelliens* et les *Serpuliens*, donc chez la majorité des Annélides. Chez d'autres Sédentaires, plus élevés en organisation, on trouve des corps de Bojanus dans le voisinage des organes segmentaires ; ex : *Terebella conchylega, Terebella emalina, Ophelia bicornis*. Chez d'autres Annélides enfin, les organes segmentaires se portent sur le corps des Bojanus. Comme conclusion, *l'absence des organes urinaires n'est pas une preuve d'atrophie, mais on peut dire que plus il y a de rapprochement entre les corps de Bojanus et les organes segmentaires, plus l'animal est élevé dans la série des Annélides.*

De ce résumé des recherches que nous avons faites résulte la réponse à la première question que nous nous sommes posée.

II. GLANDES GÉNITALES.

Au sujet des glandes génitales on a émis un grand nombre de théories. Dans un mémoire récent, M. Ludwig[1] résume les idées les plus modernes en ce qui concerne les œufs des Annélides, et il est indécis sur celle qu'on doit adopter. Gegenbaüer, dans son traité de Zoologie, dit que les glandes de la reproduction réclament des études plus précises.

Nous avons vu les différentes interprétations données, elles peuvent se résumer ainsi :

Pour les uns, ce sont les poches qui donnent naissance aux œufs et aux spermatozoïdes ; d'autres pensent que c'est le fluide cavitaire ; d'autres encore croient que ce sont les cellules épithéliales du péritoine. D'autres enfin les font provenir soit de la couche nucléaire qui se trouve autour des vaisseaux sanguins, soit d'un tissu connectif chargé de gouttelettes d'apparence huileuse.

D'après mes recherches, il m'est impossible d'admettre les théories ci-dessus indiquées. Pour moi il y a des *glandes* mâles et femelles, avec des positions constantes. Elles sont extrêmement réduites pendant la mauvaise saison de l'année, mais elles grandissent et deviennent visibles avec le retour du beau temps. Ce sont des glandes en grappe, attachées à un vaisseau sanguin. Chaque

---

[1] *Ueber die Eibildung ins Thierreiche Arbeiten aus dem zoologischen-zootomischen Institut in Wurzburg.* Semper, 1874, p. 357.

acini de l'organe est entouré par une mince membrane qui se distend par suite de l'accroissement de la masse amorphe de la glandule. A l'intérieur du protoplasma, on aperçoit quelques noyaux qui sont les taches germinatives des futurs œufs. Bientôt des portions de la substance amorphe se limitent autour des nucléus, et les œufs, ainsi formés, sont poussés de plus en plus par de nouvelles quantités de protoplasme qui naissent à la base de chaque acini. A un moment donné, la glande, devenue grande, présente à sa périphérie des œufs assez avancés et au centre plus jeunes. Les œufs mûrs tombent dans la cavité du corps, d'où, après un certain temps, ils sont recueillis par les organes segmentaires et rejetés au dehors.

Il en est de même pour les testicules : même forme, mêmes rapports et même mode de production. Le protoplasma de chaque cellule mère primitive se segmente en une foule de toutes petites sphérules. Plus tard, les cellules se détachent de la glande, et, après un certain temps, perdent leur membrane et laissent leur contenu framboisé flotter librement dans le fluide cavitaire ; après quoi les spermatozoïdes réunis, jusqu'alors par la tête, se dispersent et deviennent libres. Chez les espèces étudiées dans ce mémoire, nous avons montré la position exacte des glandes génitales pour chacune d'elles. Par conséquent, il sera désormais facile de suivre le développement des œufs et des spermatozoïdes, depuis leur naissance jusqu'à leur complète maturité.

Les glandes génitales se trouvent chez des Annélides très jeunes, fait que j'ai vérifié maintes fois. Les Arénicoles surtout se prêtent facilement à ces sortes d'investigations.

Je rappellerai que si la plupart des Annélides sont dioïques, il existe toutefois quelques Annélides hermaphrodites. On en connaît un petit nombre: ex : *Protula Dysteri* (Huxley), *Spirorbis Pagenstecheri* (Pagenst.), *Amphiglena Armandi* (Claparède). Il faut ajouter aussi le *Spirorbis communis*, si abondant à Roscoff. Peut-être l'hermaphrodisme pourra-t-il se retrouver dans presque toutes les espèces du genre Spirorbe.

Nous avons ainsi répondu à notre deuxième question.

III. PONTE.

Sur la ponte des Annélides il règne encore beaucoup d'obscurité. Rien n'est plus variable que ce phénomène, qui change selon les genres et les espèces. Les quelques observations qu'on trouve dissiminées dans les ouvrages, ne déterminent pas la manière dont l'acte s'accomplit. Tantôt on dit que la ponte est continue et que les produits sortent sous forme de jet; *Terebella Conchylega* m'a montré tout le contraire. Elle restait couchée sur un de ses côtés, et les œufs sortaient l'un après l'autre par les pores correspondants aux deux organes segmentaires du côté tourné vers le haut. Après un moment elle changeait de place, se renversait sur l'autre flanc, et la ponte continuait, et ainsi de suite pendant deux heures. Il est probable que cet animal dépose ses œufs en plusieurs endroits, et que les organes segmentaires qui remplissent ces fonctions opèrent alternativement; tantôt ce sont ceux d'un côté qui travaillent, tantôt les autres. J'ai observé la même chose chez *Hermella crassissima*. Il semble aussi que, quoique les cils vibratiles déterminent un appel continu, les organes segmentaires sont soumis à la volonté ou du moins subordonnés à l'action du sang qui change de direction suivant les contractions de l'animal. Ce fluide nourricier paraît jouer un rôle intéressant dans l'acte de la ponte. Claparède[1], à propos de l'organe segmentaire de l'*Arenicola Grübii*, dit :

« Il est probable que la grande abondance de vaisseaux dans ces organes leur permet d'entrer dans une sorte de turgescence érectile à l'époque où ils saisissent les éléments sexuels pour les conduire au dehors. »

Je rappelle pourtant que le réseau sanguin qu'il cite appartient aux corps de Bojanus, mais nous avons vu aussi que le véritable organe segmentaire a aussi un appareil sanguin assez riche.

Souvent les Annélides déposent leurs œufs dans des espèces de boules gélatineuses, au centre desquelles l'eau peut pénétrer à l'aide d'un long tube communiquant avec l'intérieur. Ce cas s'applique spécialement aux Ophélies. Il est probable que les mâles viennent ensuite déposer la liqueur séminale à l'entrée du tube, après la sortie de la femelle, et c'est ainsi que la fécondation s'effectuerait.

Le dernier mot n'est pas encore dit sur l'acte de la ponte et de la fécondation.

IV. DÉVELOPPEMENT.

Il m'a été possible de voir des embryons d'*Ophélies* arriver à des

[1] *Mém. de physique et d'hist. nat. de Genève*, t. XX, 1870.

128   L.-C. COSMOVICI.

degrés assez avancés de leur développement. Le fait qui m'a frappé
le plus est le mouvement de la masse vitelline après la fécondation.

A la fin de ce travail il ne nous reste plus qu'à réclamer la bien-
veillante indulgence de ceux qui nous liront : en effet, nous écrivons
dans une langue qui n'est pas la nôtre, et nous n'avons pas la préten-
tion d'en connaître ni toutes les finesses, ni toutes les élégances. Si
donc parfois le style se ressent de notre inexpérience, on voudra bien,
nous l'espérons, ne s'attacher qu'aux idées et reconnaître que, humble
serviteur de la science, nous n'avons d'autres prétentions que d'aider
dans la mesure de nos forces à la connaissance de la vérité.

EXPLICATION DES PLANCHES.

PLANCHE XIX.

Organisation de l'Arenicola piscatorum.

Fig. 1. Animal ouvert par le dos. Tube digestif rejeté à droite. *a*, artère branchiale ; *a'*, artère pharyngienne latérale ; *b*, corps de Bojanus ; *b'*, bandes
musculaires qui limitent les cavités latérales ; d'autres ont été coupées,
pour laisser à découvert les poches rénales ; *c*, culs-de-sac sanguins ; *c'*, cloison transparente qui soutient le pharynx contre la voûte de la chambre
viscérale ; *d*, premier diaphragme transparent qui sépare la chambre viscérale de celles situées dans l'extrémité céphalique de l'animal ; *d'*, deuxième
diaphragme transparent ; *d''*, troisième diaphragme, très musculeux, limitant la chambre qui renferme la trompe de l'animal ; *e*, estomac ; *e'*, œsophage ; *g*, glandes salivaires ; ce sont deux petits tubercules accolés au
pharynx et contre le diaphragme musculeux ; *i*, intestin ; *n*, chaîne nerveuse ; *o*, oreillette ; *os*, organe segmentaire ; *p*, poches cæcales dont on
ne connaît pas les fonctions ; *p'*, pharynx ; *p''*, pied ; *s*, branche postérieure
de l'artère branchiale qui, au niveau des organes segmentaires, traverse la
lèvre supérieure du pavillon ; *s'*, sillon existant sur toute la longueur du
corps de l'animal, et sur lequel, dans la région antérieure, sont attachées
les poches rénales ; *v*, vaisseau ventral ; *v'*, vaisseau dorsal ; *v''*, vaisseau latéral ; *vb*, veine branchiale ; *vn*, ventricule ; *vn'*, vaisseau sus-nervien ;
rp, vaisseaux péri-intestinaux.

2. Coupe transversale faite dans la région moyenne du corps, passant par
une paire de branchies et par la paire de corps de Bojanus correspondante à l'anneau coupé (figure un peu schématique) ; *b*, coupe dans
le corps de Bojanus. On voit qu'il est accolé à la couche musculaire
à fibres circulaires (*m*) ; *h*, téguments de l'animal ; *m*, couche musculaire à fibres circulaires ; *m'*, couche musculaire à fibres longitudinales
arrangées en faisceaux ; *n*, coupe de la chaîne nerveuse, au-dessus de laquelle se trouvent les deux vaisseaux sus-nerviens (*vn*). Les autres lettres
comme dans la figure 1. Cette figure est destinée à montrer les trois cavi-

tés : la médiane, renfermant le tube digestif et l'appareil circulatoire, et les deux latérales, les pieds et organes réno-segmentaires. La séparation entre ces cavités est faite par des bandes musculaires très délicates *b'*.

FIG. 3. Une des bandes musculaires (*b'*), grossie 360 fois. La surface est recouverte par les cellules épithéliales du péritoine, qui ont des granulations pigmentaires, et, par la compression, se désagrègent. Entre les fibres musculaires qui la composent on voit de très fines artérioles.

4. Coupe perpendiculaire dans un segment du corps. La peau, *h*, est très épaisse. Les cellules qui la composent sont excessivement pigmentées ; les plus superficielles se désagrègent et se dissolvent dans l'eau de mer, donnant la coloration jaune-verdâtre, qui tache les doigts ; *m*, couche musculaire à fibres circulaires qui, sur la coupe perpendiculaire, se montre formée de faisceaux plus ou moins comprimés ; *m'*, couche musculaire à fibres longitudinales ; *p*, péritoine, plus ou moins épais, de nature amorphe, ayant seulement une couche épithéliale à cellules pigmentaires.

5. Extrémité céphalique de l'animal. Entre 1″ et 2″ se trouve un anneau composé de cinq segments. Le premier, sétigère, est plus large que les quatre autres. En avant du 1″, il y a le premier anneau du corps, composé de sept segments. Les deux premiers passent au-dessous du cerveau (*c*), formant un creux tapissé par la peau. Le cerveau est donc presque à nu ; *t*, trompe de l'animal.

6. Portion du tube digestif, coupée au niveau du diaphragme (*d*), et renversée. Cette figure montre la superposition du vaisseau ventral (*v*) sur les deux vaisseaux sous-intestinaux (*vs*). Le vaisseau ventral, très grêle sur le pharynx et l'œsophage, devient volumineux une fois qu'il se met en communication avec les ventricules (*vn*). Les autres lettres comme sur la figure 1.

7. Culs-de-sac (*c*), grossis 180 fois. On voit la couche cellulaire, à granulations pigmentaires, qui recouvre les vaisseaux sanguins terminés en cæcum.

PLANCHE XX.

Organes réno-segmentaires et otocystes de l'Arenicola piscatorum.

FIG. 8. Extrémité céphalique de l'animal, ouverte par le dos ; diaphragme (*d″*) musculaire incisé. Cette figure est destinée à montrer la position des otocystes ; *c*, cerveau ; il est recouvert par des fibres musculaires qui passent au-dessus ; entre les deux gros ganglions qui le composent se trouve une petite artériole venant du vaisseau dorsal ; *c'*, collier œsophagien ; il se trouve dans la chambre proboscidienne, au-delà du diaphragme musculeux ; il est appliqué contre la couche musculeuse à fibres circulaires, par conséquent entre celle-ci et la couche musculaire à fibres longitudinales qui la recouvre ; *e*, première portion du pharynx ; *m*, coupe du diaphragme musculeux. On voit que son insertion est circulaire et limite une chambre où se trouve logée la première portion du tube digestif, qui fait saillie à chaque instant au dehors, et qui constitue la trompe (*t*, fig. 5, pl. XIX) ; *n*, chaîne nerveuse, formée de deux cordons et située dans l'espace laissé entre les deux couches musculaires du corps ; *o*, otocystes ; ils sont pédiculés et attachés au collier œsophagien. Ils sont entourés par des fibres musculaires qui les tiennent appliqués contre la paroi du corps; *t*, portion du diaphragme musculeux s'insérant tout autour du tube digestif. Là se trouve la limite de la trompe.

F<small>IG</small>. 9. Un otocyste grossi 300 fois. Le pédoncule est coupé; *m*, première couche striée, disposée circulairement et se continuant jusqu'au collier œsophagien; *c*, seconde couche striée transversalement, de couleur jaunâtre, ayant une multitude de granulations; *p*, mince pellicule blanchâtre, se continuant quelquefois jusqu'au milieu du pédoncule, mais n'arrivant jamais jusqu'au collier œsophagien. Elle forme la cavité auditive qui renferme les otolithes (*o*). A sa surface interne, on voit les cils vibratiles.

10. Portion de la partie antérieure du corps de l'Arénicole, avec deux corps de Bojanus et leurs annexes. Cette figure est destinée à l'étude des organes génito-réno-segmentaires. Elle est fortement grossie. *a*, extrémité antérieure du corps de Bojanus; *ab*, artère branchiale; *b*, bandes musculaires incisées, restant attachées à la paroi du corps, de chaque côté de la chaîne nerveuse. *l*, lèvre du pavillon de l'organe segmentaire présentant des franges; sa base est traversée par l'artère segmentaire (*s*); *l'*, lèvre inférieure du pavillon, dépourvue de franges et de vaisseaux sanguins; *n*, chaîne nerveuse; *o*, organe segmentaire, attaché sur la face supérieure du corps de Bojanus; *ov*, glande génitale: *p*, mamelon sétigère. A son sommet se trouvent insérés cinq muscles qui lui impriment les mouvements d'avant en arrière; il y en a un sixième, plus long, qui s'insère sur la ligne médiane du corps, près de la chaîne nerveuse; c'est le muscle rétracteur des pieds; *p'*, extrémité postérieure du corps de Bojanus, très contractile, séparée du reste de la poche (*r*) par un étranglement; *s*, rameau de l'artère branchiale (*ab*), qui fournit le sang à l'organe segmentaire et au corps de Bojanus, et qui supporte, au-delà du pavillon de l'organe segmentaire, l'ovaire ou le testicule (*ov*); *s*, sillon sur lequel se trouvent attachées les poches rénales. On voit l'intérieur de l'organe segmentaire et du corps de Bojanus, tous les deux étant coupés.

11. Portion du corps de l'animal, grossie, montrant la disposition des segments de chaque anneau, des rames dorsales et ventrales, et des pores correspondant au corps de Bojanus : *p*, pore; *r*, rame dorsale; *r'*, rame ventrale.

12. Portion du corps, dépourvue de la peau, grossie 180 fois. Cette portion est dessinée en (*a*), par la face interne (celle qui regarde la cavité du corps); en (*β*), par la face externe. Les lettres sont les mêmes dans les deux figures : *c*, la couche musculaire externe à fibres circulaires; *l*, la couche musculaire interne à fibres longitudinales. Celle-ci, au niveau du sillon (*s*), indiqué, sur la figure 1, pl. XIX, et 10, pl. XX, a ses fibres musculaires plus ou moins écartées, permettant ainsi l'insertion des poches rénales (*p*). L'orifice externe de ces poches, (*p* en *β*), est entouré d'un sphincter; *r'*, espace libre ménagé entre les fibres musculaires de la couche externe, pour les rames inférieures.

24. OEufs à différents degrés de développement.

26. Spermatozoïdes à différents degrés de développement.

PLANCHE XXI.

Organes génito-réno-segmentaires de l'Arenicola piscatorum.

Fig. 13. Portion du corps de Bojanus, grossie 180 fois. On voit un réseau sanguin des plus riches, recouvert par un épithélium vibratile.

14. Même portion du corps de Bojanus, grossie 360 fois. Les lacunes laissées entre les vaisseaux sanguins sont remplies par des cellules (c) à pigments, dont les plus superficielles sont vibratiles. v, vaisseaux sanguins recouverts par des cellules épithéliales et vibratiles (e).

15. Coupe schématique dans la paroi du corps de Bojanus. La figure est destinée à montrer la structure. c, cellules qui tapissent tout l'intérieur de la poche; p, paroi dont l'épaisseur est exagérée à dessein; v, coupe des vaisseaux sanguins.

16. Organe segmentaire, dessiné par sa face inférieure, laissant voir l'ouverture du pavillon; c, cornets garnissant la lèvre supérieure; g, corps de l'organe segmentaire, ayant sur ses parois des vaisseaux sanguins; l, lèvre inférieure du pavillon, rabattue, ayant ses bords et sa surface excessivement ciliée; s, artère segmentaire traversant la base de la lèvre supérieure.

17 et 18. Lèvre supérieure, dessinée par sa face externe. c, cornets ou franges en houppes garnissant cette lèvre. Le sang arrive à leur intérieur; c'est pourquoi ils sont très colorés. On dirait des branchies; s, vaisseau sanguin ou artère segmentaire.

19. Portion d'une des garnitures de la lèvre supérieure. Les bords sont limités par des cellules sphériques à granulations pigmentaires. Il y a deux feuilles, entre lesquelles le sang arrive en abondance.

20. Figure destinée à montrer la disposition de l'épithélium vibratile tapissant les franges, la lèvre inférieure et l'intérieur de l'organe segmentaire. Les cellules renferment çà et là des granulations pigmentaires.

21. Cellules du bord libre de la lèvre inférieure.

22. Glande génitale, grossie 180 fois. s, vaisseau sanguin qui supporte la glande.

23. Un acini de la glande ovarienne, en plein travail. On voit une mince membrane et, à l'intérieur, les œufs plus ou moins comprimés (gross. 360 D.).

25. Un acini du testicule, grossi 360 fois. Les cellules mères spermatiques sont enfermées sous la mince membrane de la glande.

PLANCHE XXII.

Organisation de la Terebella gigantea.

Fig. 1. Animal ouvert par le dos. a, artère branchiale se divisant en trois rameaux, pour plonger dans les trois branchies correspondantes; a', artère segmentaire; b, corps de Bojanus, au nombre de huit paires, dont une au-delà du diaphragme (d); b', bandes musculaires, séparant les cavités latérales de la cavité médiane ; c, cœur branchial, en communication avec le vaisseau sous-intestinal (v''), se bifurquant au-delà du diaphragme, et envoyant une petite artériole à l'œsophage, avant de passer dans la chambre céphalique ; c', trous ovales, correspondant à autant de culs-de-sac, dépendances du diaphragme, et qui sont logés dans la cavité céphalique ; d, diaphragme ; g, glande jaunâtre, très réduite pendant la mauvaise saison, saillante pendant la belle saison et quand les glandes génitales entrent en travail. Son rôle m'est inconnu ; o, organe segmentaire, attaché au corps de Bojanus ; p, pied ; p', paroi du corps, montrant la disposition des longs faisceaux de fibres musculaires longitudinaux ; r, poches à réseaux sanguins, appliquées contre l'intestin et en relation avec l'appareil circulatoire ; t, canal sanguin, résultant de la réunion des deux vaisseaux latéraux (v'''). Il s'applique contre le vaisseau ventral, et, dans la région antérieure, fournit les artères segmentaires (a'). Il se réduit, de distance en distance, en membranes transparentes, excessivement riches en vaisseaux sanguins, couvrant ainsi les glandes génitales situées au-dessous ; v, vaisseau ventral, situé au-dessus de la chaîne nerveuse ; v', vaisseau dorsal ; v'', vaisseau sous-intestinal ; v''', vaisseaux latéraux ; v^4, les derniers vaisseaux du tronc (t).

Fig. 2. Coupe transversale, faite dans la région abdominale, grossie 180 fois. h, peau ; f, couche musculaire à fibres longitudinales ; f', couche musculaire à fibres circulaires ; n, chaîne nerveuse. Les autres lettres comme dans la figure 1.

3. Cette figure représente l'extrémité céphalique d'une Térébelle, détachée du corps immédiatement en arrière du diaphragme. On voit la face postérieure de cette cloison musculeuse ; c, coupe du cœur branchial ; e, œsophage ; d, diaphragme ; on voit l'entre-croisement des fibres musculaires qui le composent ; v, veines branchiales qui, en se réunissant, donnent naissance au vaisseau ventral.

4. Figure destinée à montrer la communication du cœur branchial (c) avec le vaisseau sous-intestinal (v''). e, œsophage, qui reçoit une houppe de petits vaisseaux du cœur branchial.

5. Figure destinée à montrer les relations entre les poches vasculaires péri-intestinales et l'appareil circulatoire. v, vaisseau ventral, reposant sur la chaîne nerveuse ; v'', vaisseau sous-intestinal ; v''', vaisseau latéral, en communication, d'une part, avec le vaisseau ventral, d'autre part, par la branche ascendante (b) et la branche descendante de la poche vasculaire (r), avec le vaisseau sous-intestinal.

6. Portion de la branche ascendante d'une des poches vasculaires, grossie 180 fois. La figure montre la manière dont le sang circule dans le réseau des poches.

7. Extrémité céphalique de l'animal, vue par son côté droit. p, pores correspondant aux corps de Bojanus ; r, rames supérieures ; r', rames inférieures ; t, tentacules coupés.

8. Œufs, entourés de cellules à granulations, se détachant de la glande jaunâtre (g) (fig. 1).

9. Œuf mûr, ayant sa membrane vitelline très épaisse et le vitellus très coloré.

PLANCHE XXIII.

Organes réno-segmentaires de la Terebella gigantea.

Fig 10. Portion de la moitié antérieure du corps, montrant la disposition des organes génitaux, rénaux et segmentaires. *a*, artère suivant le sillon d'attache des corps de Bojanus. Il envoie des artérioles à ces organes; d'autres artérioles rampent sur les parois du corps et concourent à la formation du réseau vasculaire ventral, où se trouve la glande (*g*). *a'*, artère segmentaire; *b*, corps de Bojanus. Le premier, dans sa position naturelle, le dernier renversé en dehors; *g*, glande médiane jaunâtre à fonctions inconnues; *l*, lèvre supérieure du pavillon de l'organe segmentaire; *l'*, lèvre inférieure du même organe, très simple; *o*, organe segmentaire, dans sa position naturelle; *o'*, glande génitale; *p*, mamelon sétigère, avec ses muscles rétracteurs; *t*, le tronc médian, résultant de la réunion des deux vaisseaux latéraux. On voit aussi une de ces membranes vasculaires, dépendance de ce tronc sanguin; *v*, vaisseau ventral.

11. Portion de la région antérieure et médiane du corps, grossie 260 fois. On voit comment s'entre-croisent les fibres musculaires longitudinales, et la glande médiane qui se trouve entre elles. Dans la belle saison, la glande est excessivement développée et devient très saillante dans la chambre viscérale.

12. Poche rénale, durcie dans l'acide chromique. *b*, bord antérieur; *b'*, bord postérieur; *l*, cloison séparant les deux cavités de la poche, ne communiquant entre elles qu'au sommet de l'organe, où existe un orifice de passage.

13. Portion du corps, grossie 180 fois, montrant la disposition des couches musculaires, là où se trouvent les corps de Bojanus. *i*, espace laissé entre les fibres longitudinales; *o*, orifice laissé entre les fibres circulaires pour le mamelon sétigère; *t*, lèvres de la rame inférieure; *p*, extrémité postérieure d'une poche rénale s'ouvrant au dehors.

14. Organe segmentaire et une portion du corps de Bojanus, grossis 260 fois. *a'*, artère segmentaire; *b*, le réseau sanguin du corps de Bojanus, vu sur des préparations faites après avoir macéré ces poches dans l'acide acétique étendu; *l*, lèvre supérieure du pavillon, garnie de franges extrêmement ciliées; *l'*, lèvre inférieure à bord uni; *u*, bourrelet, dépendance de la lèvre supérieure.

15. Portion d'un corps de Bojanus, arrachée à un animal vivant et grossie 260 fois. On voit comment les cellules à granulations remplissent les vides laissés entre les rameaux vasculaires. Les plus superficielles sont ciliées.

16. Quelques cellules du corps de Bojanus, ayant un, deux et même trois cils assez longs, remplies par des granulations de toutes dimensions.

17. Panache de la lèvre supérieure du pavillon segmentaire, avec la portion correspondante du bourrelet. A l'intérieur, on voit l'anse vasculaire naissant et débouchant dans le vaisseau sanguin qui traverse la base de la lèvre.

18. Portion du bourrelet *u*, grossie. Les cellules, coniques, sont ciliées.

19. Disposition des cellules épithéliales des franges et du corps de l'organe segmentaire.

20. Portion du bord libre de la lèvre inférieure du pavillon segmentaire.

L.-C. COSMOVICI.

Organes de la reproduction de la Terebella gigantea et organes génito-réno-segmentaires de la T. Conchylega.

Fig. 20. Portion de la glande jaunâtre médiane en plein travail, grossie 260 fois, composée de cellules excessivement granuleuses.

21. Portion de la glande génitale en travail.

22. Différents degrés de développements d'un acini de la glande ovarienne.

23. Acini de l'ovaire en travail, grossi 360 fois; on voit les œufs pressés contre la mince membrane qui les renferme.

24. Acini du testicule grossi 360 fois. Le contenu des cellules primitives est framboisé.

25. Mélange des cellules mères de spermatozoïdes avant et après la disparition de leur paroi; de spermatozoïdes libres et réunis par leur tête, et de cellules à granulations détachées de la glande médiane.

1. *Terebella conchylega* ouverte par le dos. *b*, corps de Bojanus, dont une paire, au-delà du diaphragme, dans la cavité céphalique, comme chez la *Terebella gigantea*; *b'*, bandes musculaires très délicates; *br*, branchies céphaliques; *c*, cœur branchial, ayant les mêmes dispositions que chez la *Terebella gigantea*; *i*, intestin; *o*, organes segmentaires au nombre de deux paires situées en arrière des corps de Bojanus et non supportées par ces derniers comme chez la *T. gigantea*; *p*, pieds; *p'*, poches vasculaires péri-intestinales; *v*, vaisseau ventral; *v'*, vaisseau latéral; *v''*, vaisseau dorsal.

2. Corps de Bojanus durci dans l'acide chromique.

3. Portion du corps grossie, démontrant la position des organes segmentaires et des glandes génitales. *o*, organe segmentaire; *ov*, glandes génitales attachées aux vaisseaux sanguins, qui suivent le bord interne et concave des organes segmentaires; *p*, pied avec ses muscles rétracteurs; *pa*, pavillon très large et garni de franges excessivement ciliées. Sur le premier organe segmentaire, on voit le pavillon de face couvrant le corps et ne laissant voir que la glande génitale très développée; *v*, vaisseau ventral situé au dessus de la chaîne nerveuse; *v''*, vaisseaux segmentaires arrivant du vaisseau dorsal.

4. Un des vaisseaux segmentaires *v''*, entourés par les franges garnissant le pavillon de l'organe segmentaire (*g*).

5. Coupe dans les franges, vue à un grossissement de 180 D.

6. Portion d'une frange grossie 260 fois. Sa surface est recouverte par des cellules en plaques excessivement granuleuses; une plaque à granulations pigmentaires se trouve au centre.

7. OEufs très jeunes, au commencement du travail de la glande ovarienne.

8. OEuf presque mûr.

9. Cellules mères de spermatozoïdes, et spermatozoïdes (grossis 260 fois).

PLANCHE XXV.

Organes génito-réno-segmentaires de l'Ophélia bicornis.

FIG. 1. Animal ouvert par le dos. Le tube digestif, plus ou moins contourné, occupe sa place normale ; c, corps de Bojanus au nombre de cinq paires en relation avec les artères branchiales (a) ; o, organes segmentaires au nombre de cinq paires, situées en avant des poches rénales ; v, vaisseau ventral ; v' vaisseau dorsal ; v'', vaisseaux latéraux.

2. Extrémité céphalique vue du côté droit. b, les branchies en forme de cirre plus ou moins contractées ; p, pores correspondant aux organes segmentaires et, plus en arrière, aux corps de Bojanus.

3. Anneau du corps grossi. Il se compose de trois segments. Sur le dernier se trouve b, branchie ; r, rame supérieure ; r', rame inférieure ; sur le segment moyen se trouve p, le pore correspondant à un des organes réno ou segmentaire.

4. Portion du corps détachée au niveau du dernier organe segmentaire et du premier corps de Bojanus. a, artères branchiales, qui naissent du vaisseau sous-intestinal ; a', branche postérieure de l'artère branchiale, suivant le bord interne de ces organes ; b, extrémité interne du cirre branchial ; c, corps de Bojanus, en cornemuse ; g, glande génitale fixée sur le bord interne des organes segmentaires (o) ; v'', vaisseau latéral gauche.

5. Coupe schématique à travers un corps de Bojanus.

6. Cellules épithéliales des corps de Bojanus.

7. Coupe schématique à travers un organe segmentaire.

8, 9 et 10. Lèvre supérieure du pavillon de l'organe segmentaire pouvant présenter ces trois formes. Elle est toujours traversée par l'artère branchiale, et, sur l'animal vivant, cette lèvre est de couleur rose.

11. Portion de la glande génitale grossie 180 fois.

12. Glande génitale dans la mauvaise saison à l'état de repos.

13. Œufs à différents degrés de développement. En a, on ne leur distingue que la tache germinative ; en b, le vitellus commence à devenir granuleux, et une aréole semble se dessiner autour du noyau central, qui devient manifeste en c, et représente la vésicule germinative. Enfin, en d, l'œuf mûr.

14. Spermatozoïdes mêlés à des cellules épithéliales du péritoine et de la couche périvasculaire.

15. Ponte de l'Ophélie. Ce sont des boules gélatineuses communiquant avec l'extérieur par un long tube. A l'intérieur se trouvent disséminés les œufs.

16. Commencement du fractionnement de l'œuf.

17. Cellules qui composent l'œuf à l'état framboisé.

18. Première forme de l'embryon.

19. Apparition de cils vibratiles sur les saillies du corps.

Fɪɢ. 20. Formation du tube digestif par la réunion des cellules centrales de l'embryon.

21. La segmentation du corps est arrivée jusqu'à l'extrémité postérieure, où une dépression se manifeste, allant vers le tube digestif, qui se termine en cul-de-sac.

22. Formation de la chambre viscérale, qui se prolonge de plus en plus en arrière. Sur les côtés du tube digestif apparaissent progressivement des poches contractiles, qui me paraissent être les correspondants des poches rénales chez l'animal adulte.

23. Embryons développés sortant des boules de gélatine.

24. Groupement des embryons, après leur sortie des boules de gélatine. Ils s'accolent par leur queue et se fabriquent des tubes.

PLANCHE XXVI.

Organisation du Chetopterus Valencinii.

Fɪɢ. 1. Animal entier de grandeur naturelle. *a*, la dixième paire de pieds en forme d'ailes tronquées; elles limitent la région antérieure ou céphalique; *c*, corps de Bojanus formant saillie à la partie postérieure de la troisième vésicule; là, se trouve le pore de communication avec l'extérieur; *d*, cupule médiane située sur la face dorsale de la région céphalique; elle est très dure, et d'elle part une gouttière ciliée qui se porte très loin en arrière, suivant toujours la ligne médiane et dorsale; *f*, faisceau de fibres musculaires qui, partant des muscles ventraux, s'entrecroisent sur la face antérieure de chaque vésicule (*v'*); *f'*, un autre faisceau de fibres musculaires, qui plonge dans la cupule ventrale de la vésicule située plus en arrière; *i*, intestin très noir recouvert par la peau du corps, en ce point excessivement délicate; *j*, premier renflement du tube digestif, faisant saillie sur la face dorsale de l'extrémité postérieure de la région céphalique, c'est le jabot; *l*, cupules ventrales représentant les rames inférieures des anneaux correspondants, et jouant le rôle de ventouses; *m*, deux cordons musculeux qui se perdent insensiblement dans la région abdominale. Ils supportent l'intestin et autres organes de l'animal. *o*, corps de Bojanus qu'on voit par transparence dans la cavité latérale droite de la troisième vésicule; *p*, neuf paires de pieds de la région céphalique; *r*, rames dorsales dans la région abdominale; *v*, cupule dorsale représentant les rames supérieures du premier anneau de la région thoracique; *v'*, les rames dorsales des trois derniers anneaux thoraciques, transformées en vésicules contractiles.

2. Extrémité céphalique dépourvue de sa peau et vue par la face ventrale, *c*, on voit les cloisons qui séparent les anneaux entre eux, et les fibres musculaires qui composent le corps; *m*, les deux muscles coupés et la cupule, correspondant à la dixième paire de pied, est enlevée; *n*, cordon nerveux, qui suit les parties latérales de la région céphalique; ses deux bouts se resserrent vers l'extrémité postérieure de la région, passent au-dessous de la cupule ventrale, se logent entre les deux muscles et se prolongent en arrière.

Fɪɢ. 3. Face antérieure d'une des vésicules thoraciques. On voit un renflement central qui correspond à la cavité médiane remplie par l'intestin et les glandes génitales. Une autre cavité circulaire, tout autour du renflement médian, renfermant les organes segmentaires et les corps de Bojanus.

4. Vésicule thoracique vue par sa face postérieure et par son côté droit. La cavité latérale est ouverte et les lambeaux sont rejetés en avant et en arrière. Sur cette face, on voit encore la ligne de séparation entre la cavité périphérique et la cavité médiane. *c*, corps de Bojanus, s'ouvrant à la face postérieure ; *t*, cupule médiane ; *m*, muscle ventral droit ; *o*, poche plissée, accolée au corps de Bojanus ; c'est l'organe segmentaire.

5. Coupe dans la région céphalique. *e*, œsophage ménagé entre les fibres musculaires du corps ; les deux cavités qui se trouvent sur les côtés représentent les chambres latérales ou pédieuses. Elles ne renferment que les soies. *g*, coupe de la gouttière ciliée dorsale ; *n*, coupe des deux cordons nerveux.

6. Face postérieure d'une vésicule thoracique, montrant l'entre-croisement des fibres musculaires qui la composent ; *i*, coupe de l'intestin très grêle, qui passe dans l'anneau précédent ; *m*, les deux muscles ventraux ; *n*, coupe des deux cordons nerveux.

7. Vésicule thoracique, dont la moitié droite fut enlevée, et l'intestin rejeté de côté. *g*, glande génitale située à gauche du mésentère (*m*) ; il y en a une autre du côté droit ; *i*, intestin très renflé ; *m*, le mésentère ; *p*, pore existant sur le côté gauche de la face interne de la cavité médiane, c'est l'ouverture du pavillon de l'organe segmentaire gauche. Même chose du côté droit.

8. Coupe schématique, transversale, dans une vésicule. *g*, glande génitale sur les côtés du mésentère ; *i*, intestin coupé ; *m*, deux muscles ventraux ; *n*, deux cordons nerveux ; *o*, organes segmentaires dans les cavités latérales.

9. Corps de Bojanus (*c*) ; l'organe segmentaire qui lui est attaché, est fendu (*p*).

10. Cellules à granulations, qui entrent dans la composition des parois du corps de Bojanus.

11. Cellules épithéliales à cils vibratiles, tapissant l'intérieur de l'organe segmentaire.

12. Cellules ayant un ou plusieurs noyaux d'apparence huileuse, se trouvant dans les parois de l'organe segmentaire.

13. Anneau de la région abdominale, vu par son côté externe. *c*, corps de Bojanus, vu par transparence ; *l'*, lambeau externe de la rame inférieure ; *o*, organe segmentaire, vu par transparence ; *r*, rame dorsale.

14. Même anneau, vu par la face antérieure, dont les parois sont incisées. *g*, glande génitale ; *i*, intestin ; *l*, lambeau interne des rames inférieures. Les autres lettres comme dans la figure 13.

15. Ovaire gauche, très développé, recouvert en partie par le mésentère coupé, tandis que l'ovaire droit est représenté par un seul mamelon, tel qu'il est à l'état de repos.

16. Portion de l'ovaire très développé, qui a la forme d'un tube à mince paroi, ayant à son intérieur des œufs à différents degrés de développement.

17. Des œufs.

10

*Organes génito-réno-segmentaires des Myxicole, Sabelle, Clyménie,
Pectinaire et Hermelle.*

Fig. 1. Deux anneaux du *Myxicola modesta*, fendus par le dos. *a*, artère suivant le
bord supérieur du diaphragme (*d*); *a'*, artère suivant le bord inférieur
du diaphragme ; *g*, glande annexée sur le vaisseau (*a'*); *m*, mésentère
qui fixe le tube digestif à la voûte de la chambre ; *p*, pore correspondant
aux organes segmentaires ; *r*, rames dorsales.

2. Extrémité céphalique de la *Sabella arenilega*, ouverte par le dos. *c*, corps de
Bojanus ; *e*, œsophage ; *p*, pieds.

3. Coupe transversale dans la région moyenne du corps de la Sabelle. A gauche, elle a passé par la rame supérieure, et à droite par la rame inférieure. *b*, boucliers ventraux, très vasculaires et glanduleux ; *m*, couche
musculaire à fibres circulaires ; *m'*, couche musculaire interne, à fibres
longitudinales ; *n*, chaîne nerveuse ; *o*, organe segmentaire, appliqué contre le diaphragme ; *p*, peau ; *r*, rame dorsale ; *r'*, rame ventrale ; *v*, vaisseau dorsal ; *v'*, vaisseaux ventraux ; *v''*, vaisseau sous-intestinal. Le tube
digestif occupe le centre de la figure.

4. Vaisseau sanguin supportant l'ovaire, recouvert par les cellules épithéliales
du péritoine ; à côté, on voit des œufs et des cellules à granulations qui se
détachent du péritoine, très épais et fortement coloré chez la Myxicole.

5. Coupe à travers un anneau de l'*Hermella crassissima* ; à gauche la peau n'a
pas été entamée. *b*, branchies ; *o*, organe segmentaire ; *p*, pore externe ; *r*, rames dorsales ; *r'*, rames ventrales.

6. Deux anneaux de l'Hermelle vus par leur côté droit. Par transparence on
voit le vaisseau latéral qui reçoit les vaisseaux efférents des branchies (*b*) ; *p*, pores des organes segmentaires en arrière des rames dorsales (*r*).

7. Œuf de l'Hermelle entouré par les spermatozoïdes.

8. Extrémité antérieure du *Clymenia zostericola* ouverte par le dos. *b*, bandelettes musculaires ; *c*, corps de Bojanus ; *e*, ligne externe de séparation
de deux anneaux ; *i*, ligne interne de séparation entre les anneaux ;
o, organes segmentaires attachés aux poches rénales ; *v*, vaisseau latéral
qu'on voit par transparence.

9. Portion du corps grossie. L'intestin est rejeté de côté. *g*, glande génitale
à peine saillante ; *p*, extrémité postérieure du corps de Bojanus, passant
entre les parois des deux anneaux, se voyant par transparence ; *v'*, vaisseau sous-intestinal. Les autres lettres comme dans la figure 8.

10. Portion du corps vue par son côté droit externe ; par transparence on
aperçoit le vaisseau latéral ; *p*, pore correspondant à un corps de Bojanus,
situé en arrière de la rame inférieure.

11. Portion du plexus vasculaire située dans les anneaux dépourvus de corps
de Bojanus, mais occupant la place de ces derniers.

Fig. 12. Morceau d'un vaisseau sanguin d'un des plexus grossi 260 fois. On voit à sa surface le revêtement épithélial.

13. Œufs de Clyménie.

14. Pectinaire ouverte par le dos ; le tube digestif est rejeté à droite. b, branchies ; c, corps de Bojanus de la première paire n'ayant pas de communication avec la chambre viscérale ; g, glande médiane jaunâtre, de même nature que celle de T. gigantea ; o, organes segmentaires attachés aux corps de Bojanus ; p, pieds ; v, vaisseau ventral ; v' vaisseau latéral.

15. Portion du corps de la Pectinaire grossie. c, corps de Bojanus ; n, chaîne nerveuse ; au-dessus, vaisseau ventral (v) ; o, organe segmentaire, dont le pavillon regarde en arrière. Les autres lettres comme dans la figure 14.

16. Pied de Pectinaire, au niveau des corps de Bojanus, montrant le pore externe (p).

17. Cellules tapissant les poches rénales.

18. Trois formes de franges que peut avoir la lèvre supérieure du pavillon ; le sang arrive à l'intérieur.

19. Portion du bord libre de la lèvre inférieure du pavillon.

PLANCHE XXVIII.

Organes génito-segmentaires des Aphroditiens, Cirrhatuliens, Néréidiens, Euniciens.

Fig. 1. Hermione trompeuse ouverte par le dos. g, glandes génitales attachées aux vaisseaux sanguins ; t, trompe et un commencement d'estomac avec ses prolongements ; v, vaisseau ventral.

2. Portion de l'ovaire de l'Hermione ; les œufs sont entourés par une mince membrane dépendance de la glande.

3. Anneau du *Sthenelaïs Edwardsii* ouvert par le dos. d, diaphragmes séparant les anneaux ; g, glande génitale attachée à un vaisseau sanguin sur la face antérieure des diaphragmes ; o, organes segmentaires sur la face postérieure des diaphragmes ; p, pieds ; t, tube digestif coupé ; v, vaisseau ventral.

4. Face postérieure d'un diaphragme grossi. On voit par transparence la glande génitale située sur la face antérieure. Les lettres comme dans la figure 3.

5. Moitié d'un anneau de l'Hermione à un grossissement de 180 D. c, cirre branchial et son vaisseau sanguin (v) ; c', cirre ventral ; p, ouverture externe ciliée de l'organe segmentaire. On voit par transparence le prolongement cæcal du tube digestif, et une portion de la glande ovarienne aplatie par la compression des lamelles.

6. Vaisseau sanguin revêtu par la couche nucléaire.

7. Anneau de la Marphyse sanguine, fendu par le dos. c, cœurs ; d, diaphragmes ; o, organes segmentaires.

8. Organe segmentaire de la Marphyse grossi 260 fois. Le pavillon, très large, est traversé par l'artère branchiale (a), et sur une portion du vaisseau sanguin se trouve la glande génitale (g).

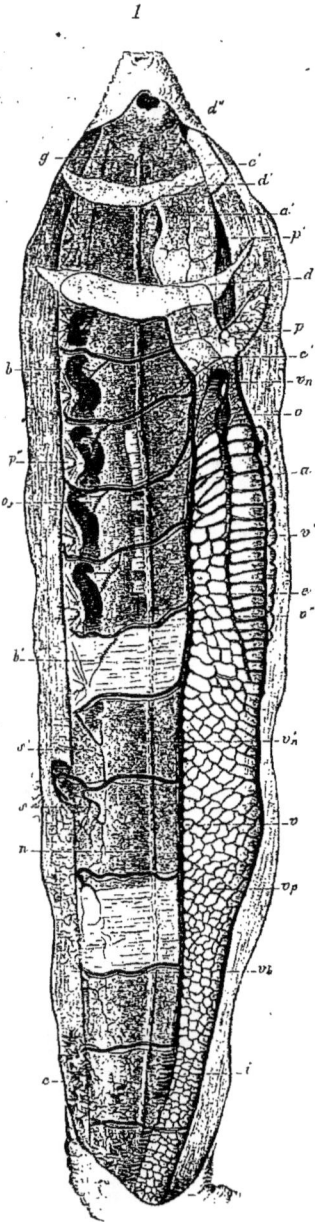

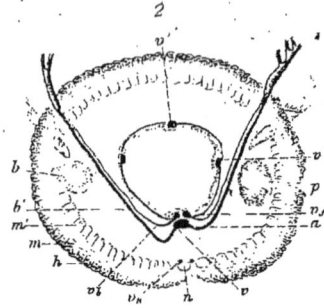

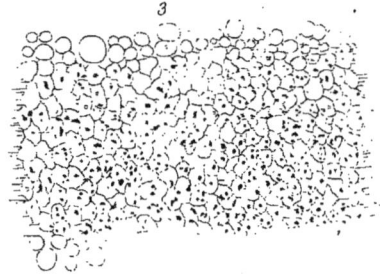

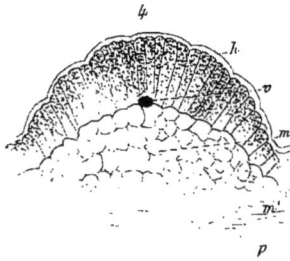

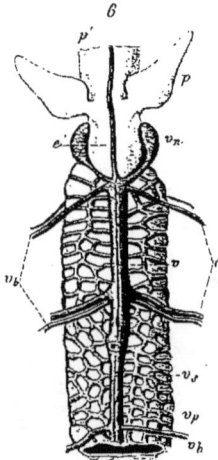

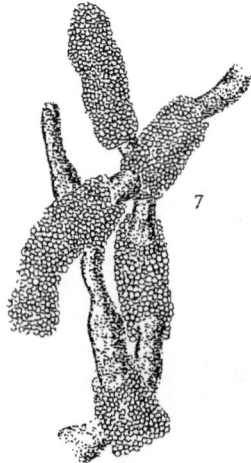

E. Cosmovici ad nat. del.   Imp. Ch. Chardon ainé-Paris   Lagesse sc.

ANNÉLIDES

ARENICOLA PISCATORUM   *Organisation*

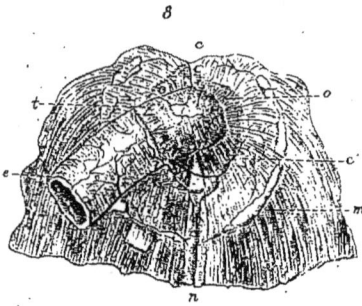

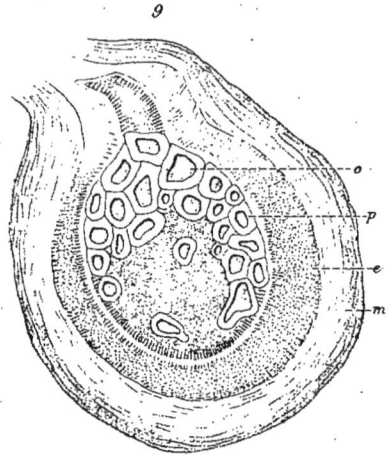

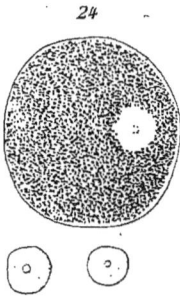

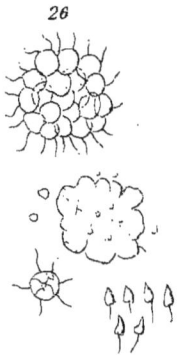

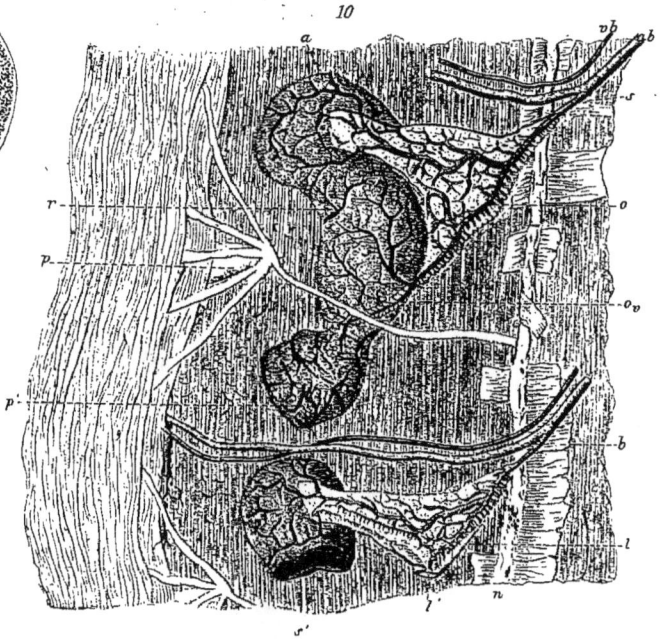

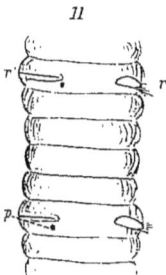

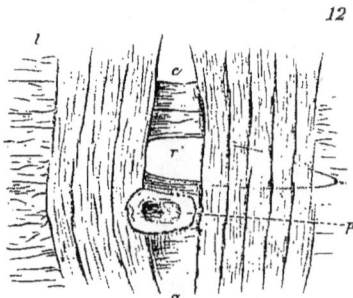

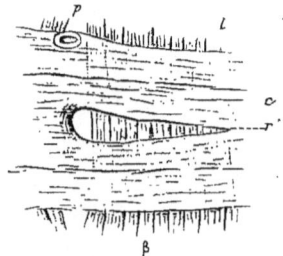

Lith. C.E. Cosmovici ad nat. del.   Imp. Ch. Chardon ainé Paris   Lagesse sc

Annélides ORGANES RENO -SEGMENTAIRES *Ar. piscatorum*

Librairie C. Reinwald.

Arch. de Zool. Exp.le et Gen.le

Vol VIII Pl. XXI

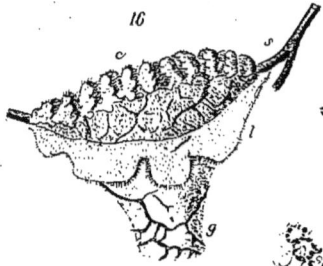

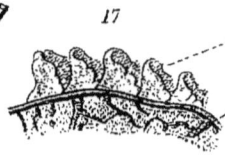

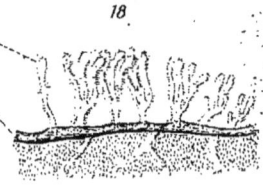

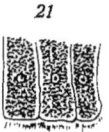

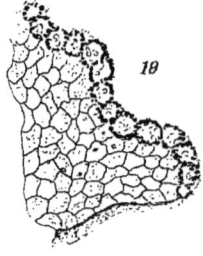

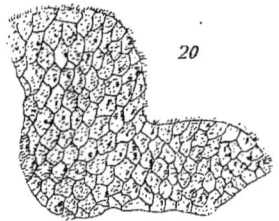

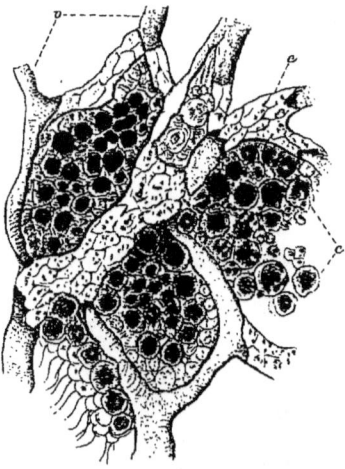

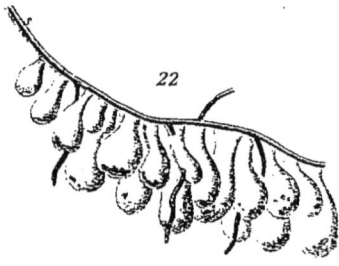

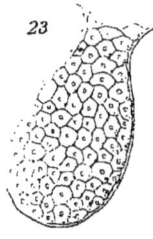

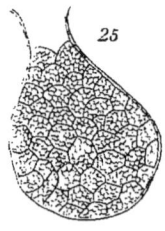

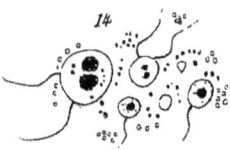

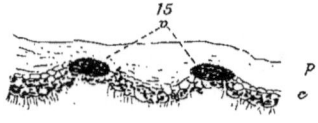

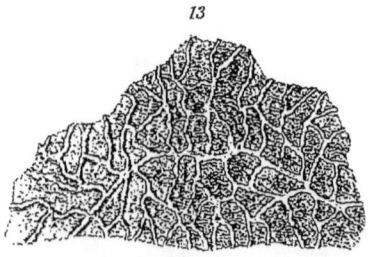

E. Cosmovici ad nat del

Imp. Ch. Chardon ainé Paris

Lagesse sc

Annélides ORGANES GENITO- RENO-SEGMENTAIRES tr. piscatorum

Librairie C. Reinwald

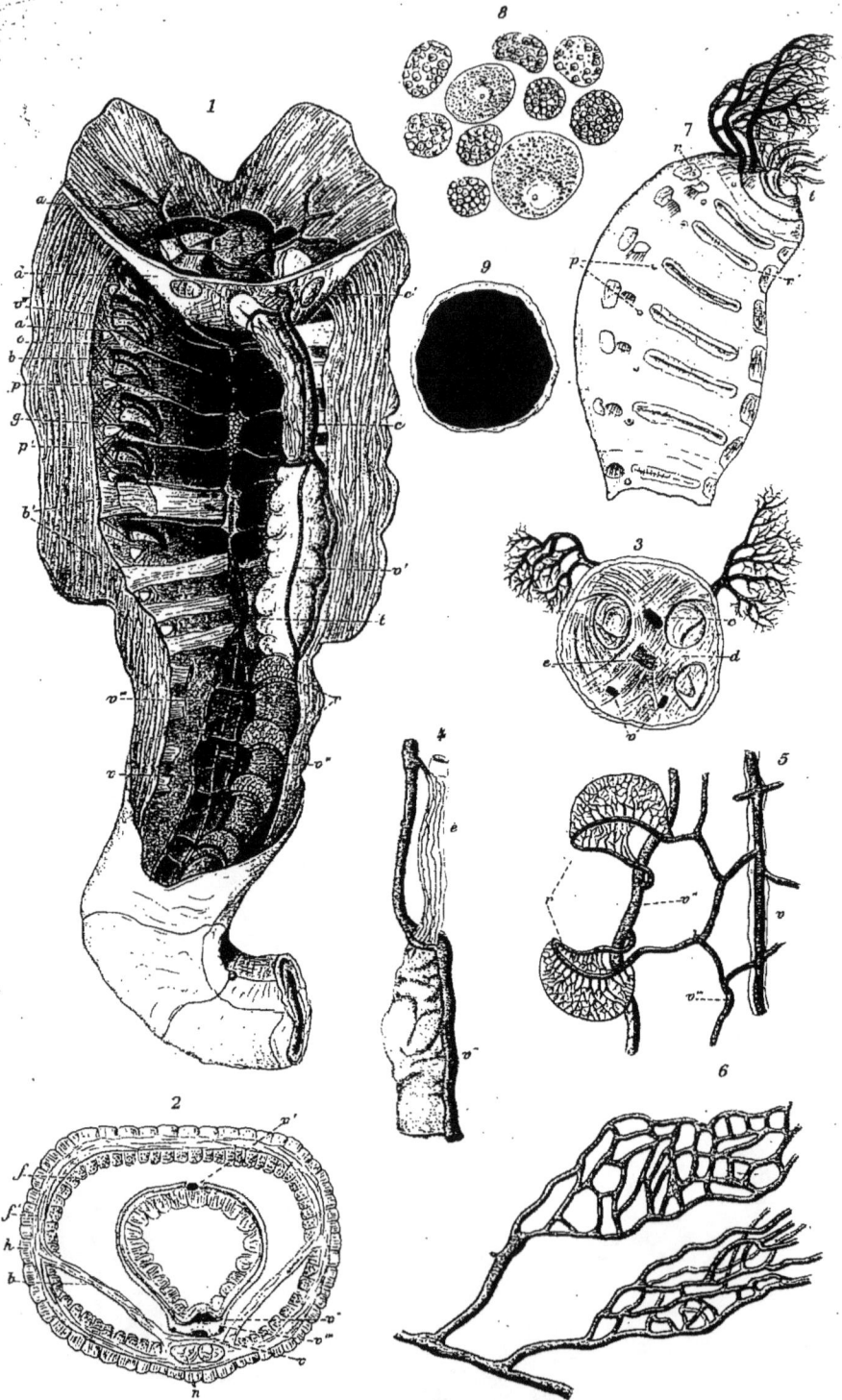

Léon C.K. Cosmovici ad. nat. del.   Imp. Ch. Chardon ainé Paris   Lagesse sc

Annélides TEREBELLA GIGANTEA Organisation

Librairie C. Reinwald

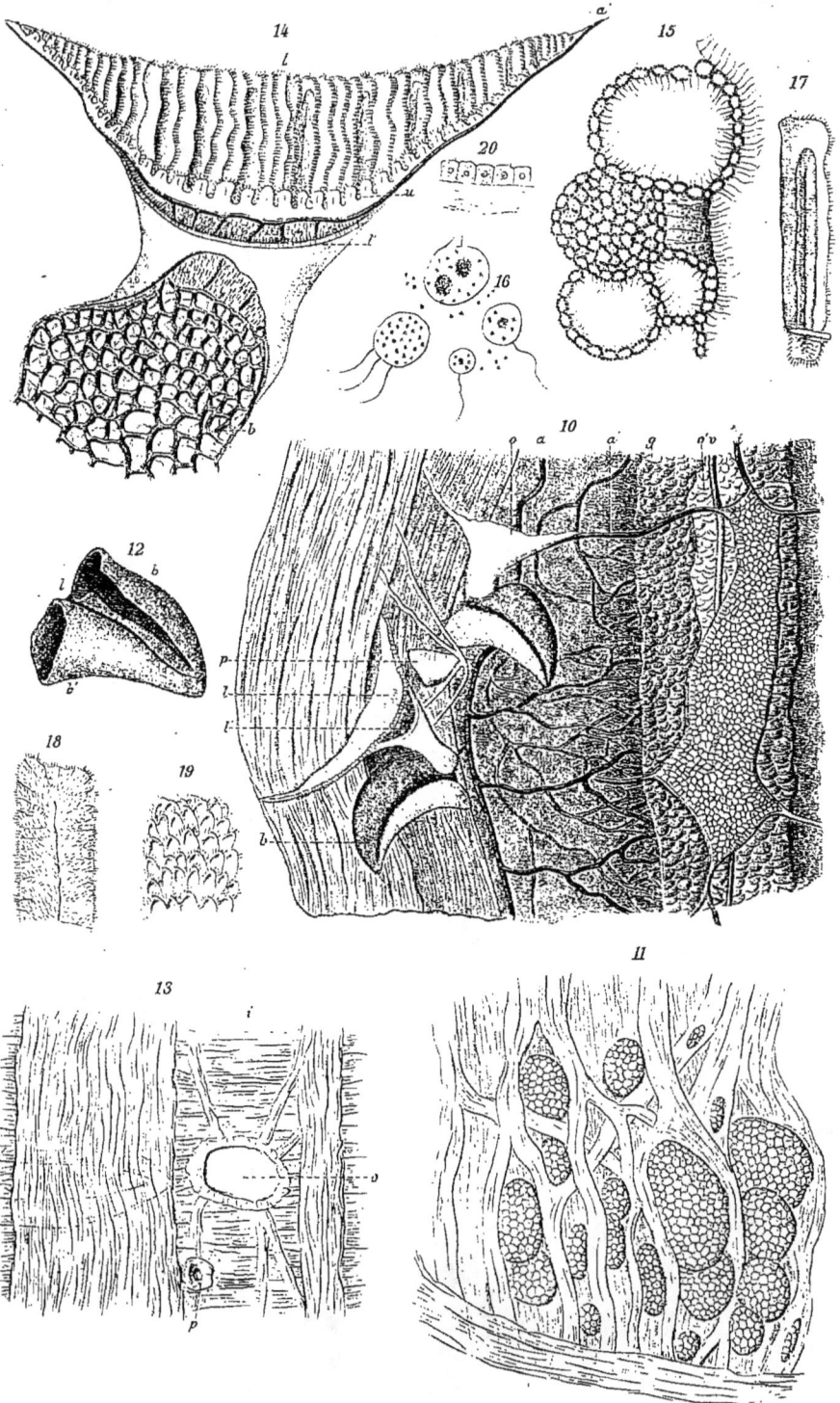

Leon'C.E.Cosmovici ad. nat. del.   Imp. Ch. Chardon ainé Paris   Legesse sc.

Annélides ORGANES RENO-SEGMENTAIRES T. Gigantea

Librairie C Reinwald

Arch. de Zool. Exp^le et Gen^le

Vol VIII Pl. XXIV

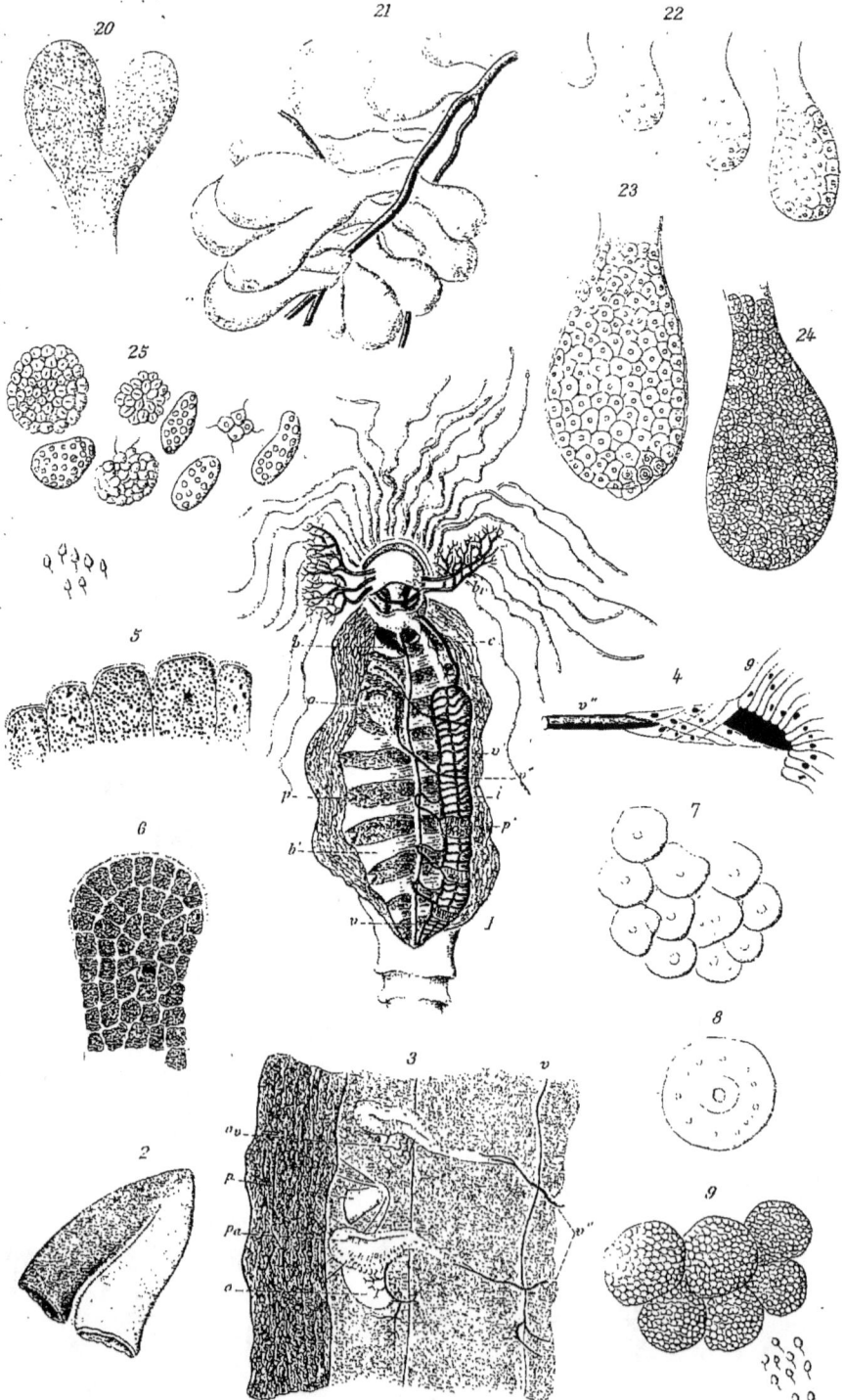

Jean C.E.Cosmovici ad nat del

Imp. Ch. Chardon ainé Paris

Lagesse sc

ANNÉLIDES

ORGANES DE LA REPRODUCTION DES TÉRÉBELLES

Arch. de Zool. Exp.^le et Gen^le.

Vol.VIII Pl.XXV

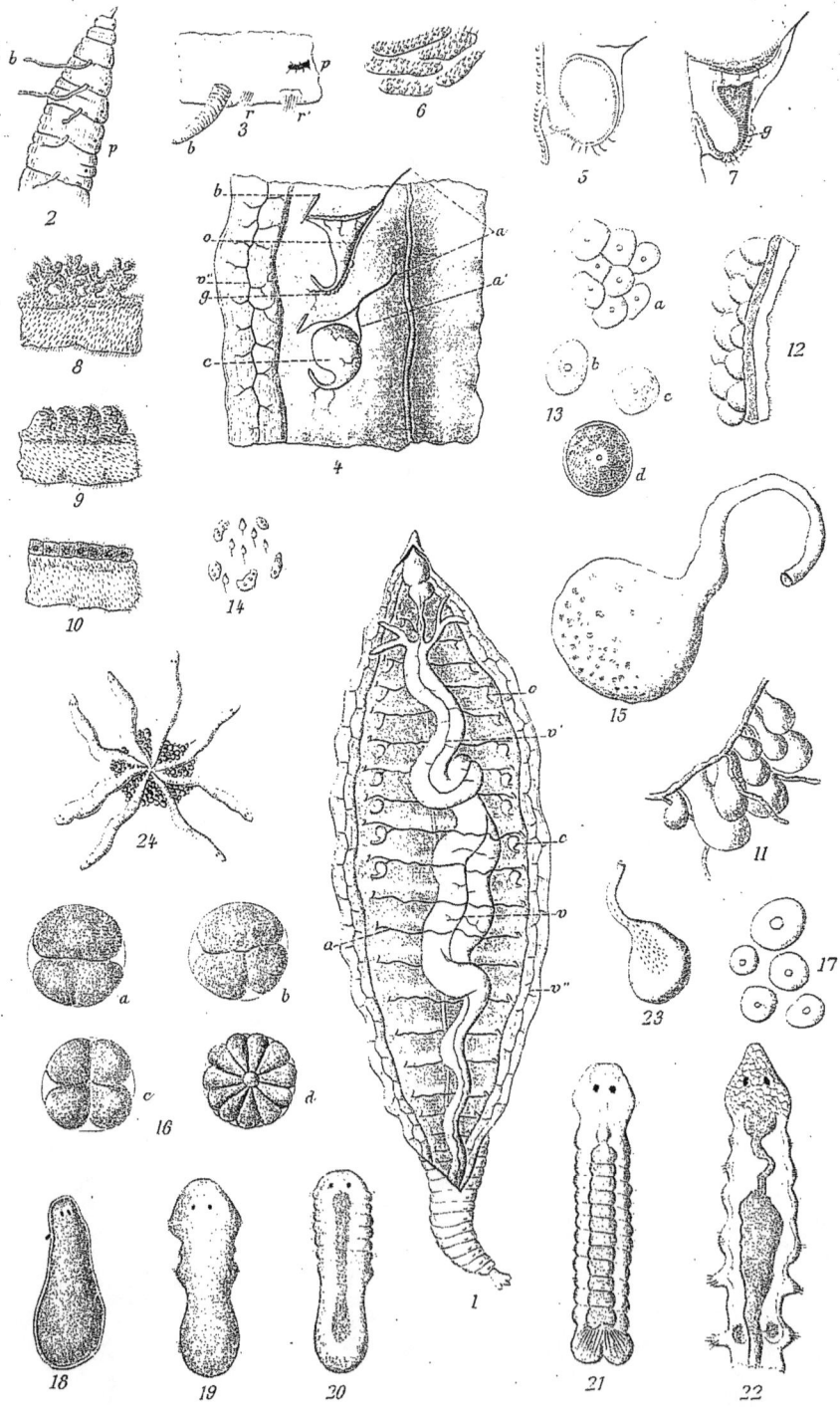

Leon C.E. Cosmovici ad. nat del

Imp. Ch. Chardon ainé Paris

Lagesse s

ANNELIDES
OPHELIA BICORNIS *Organisation*
Librairie C. Reinwald

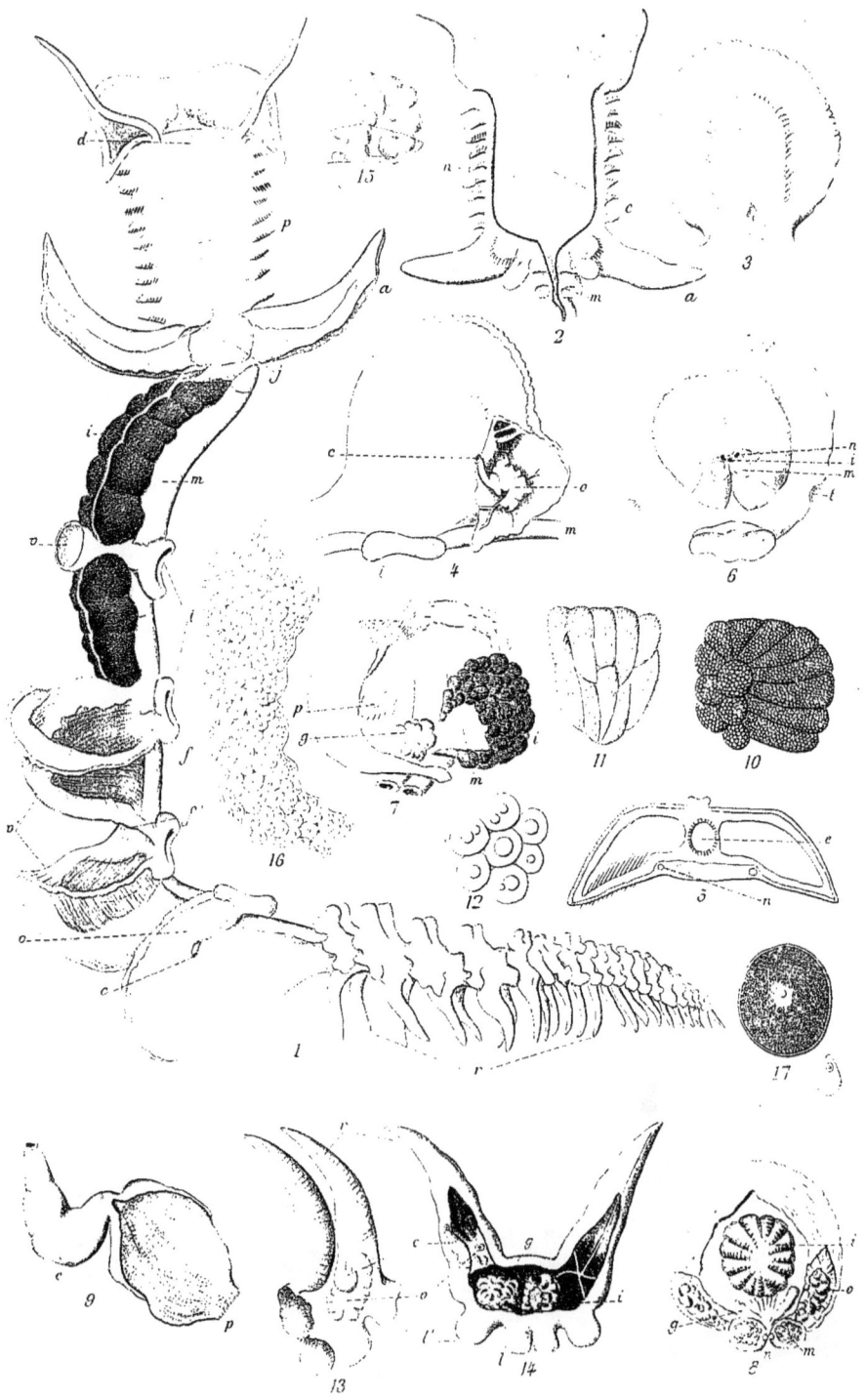

Léon C.E.Cosmovici ad nat. del.   Imp. Ch. Chardon ainé Paris   Lagesse sc

ANNÉLIDES
CHÉTOPTERUS VALENCINII *Organisation*

Librairie C. Reinwald

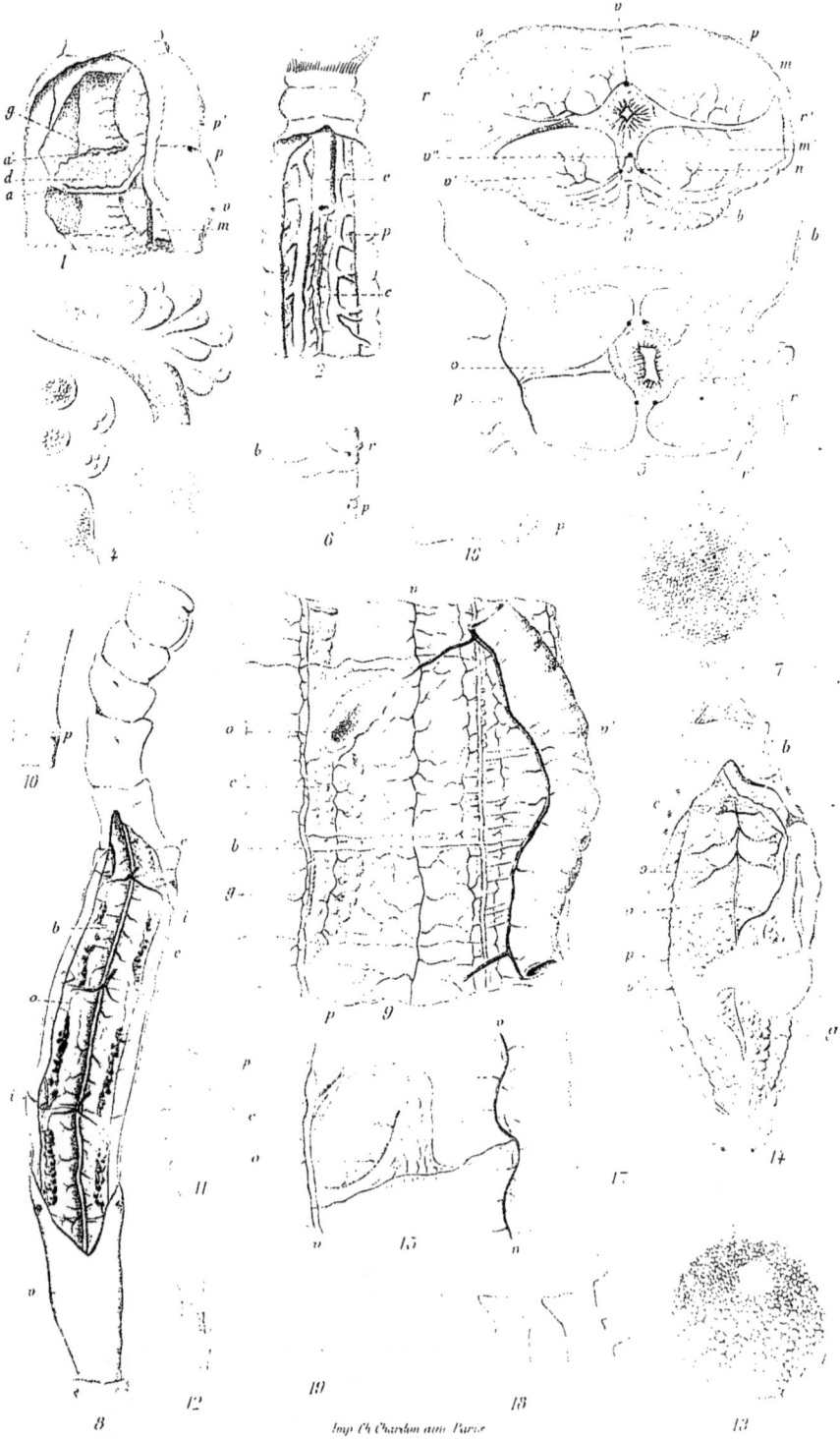

Imp Ch Chardon ainé Paris

Jos C.E Cosmovici ad nat del

Organisation

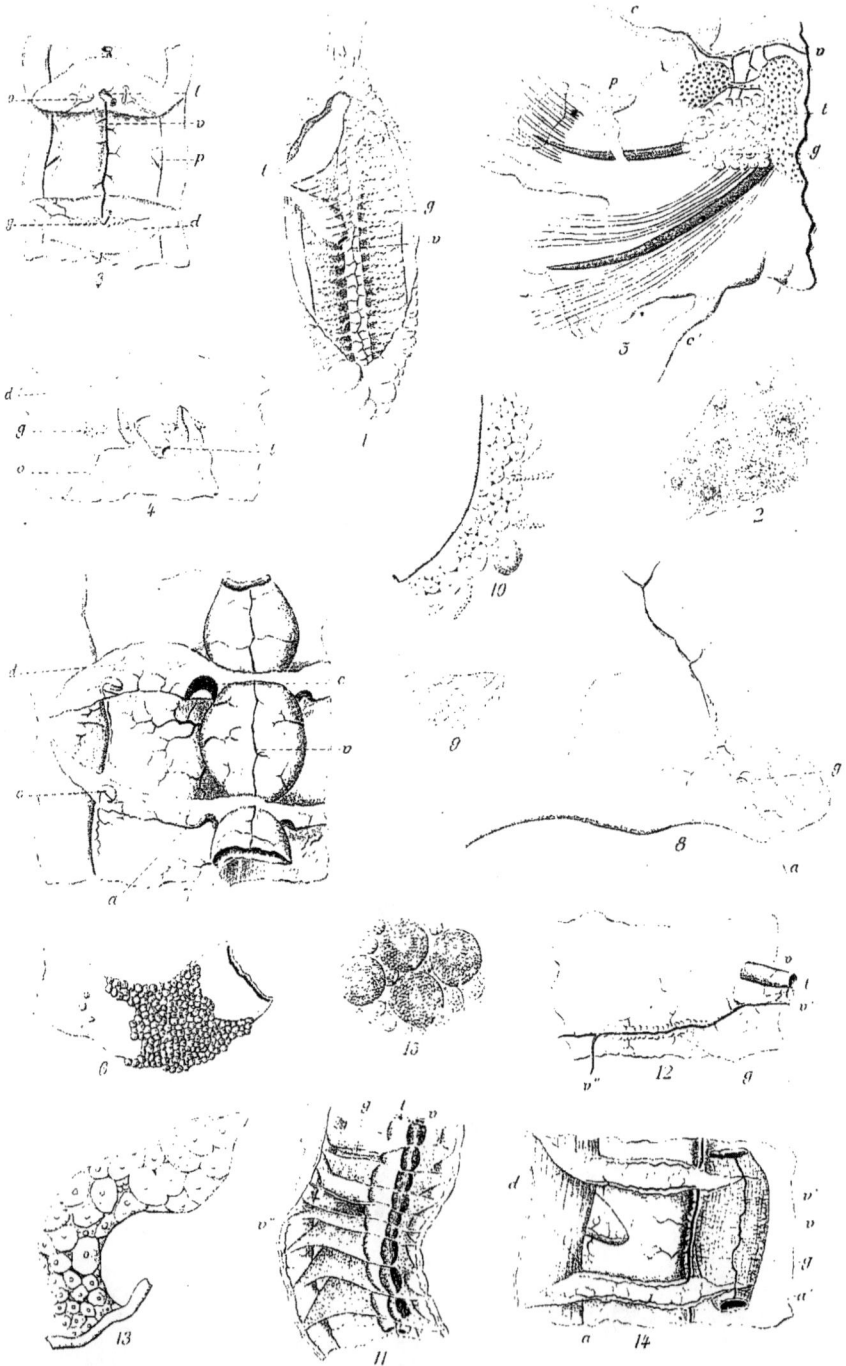

Imp. Ch. Chardon ainé Paris

C. Cosmovici ad nat del

AURELIDES

APHRODITIENS, CIRRHATULIENS, NEREIDIENS EUNICIENS

www.ingramcontent.com/pod-product-compliance
Lightning Source LLC
Chambersburg PA
CBHW072350200326
41519CB00015B/3724